suncolor

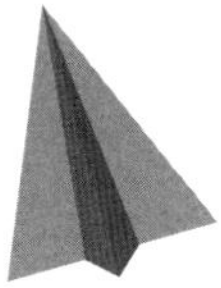

嫌われずに人を動かす　すごい叱り方

認同感指導術

讓部屬自動自發、無痛帶人！

田邊晃——著　張翡臻——譯

suncolor 三采文化

前言

主管下屬維持良好溝通，才是組織強力的關鍵

「稍微唸一下就被投訴職場霸凌。」

「只是輕輕提點一下而已，隔天下屬就不來上班了。」

「責罵可能會傷害下屬的心靈。」

「我不想太兇，怕被下屬討厭。」

「我從來沒被罵過，不曉得該怎麼罵人。」

最近有越來越多主管因此放棄指導下屬。當然，此現象不完全是主管的責任。

現代職場的終身僱用制度瓦解，主管長年栽培下屬的文化逐漸沒落。即

使主管不惜扮黑臉鞭策下屬，下屬也有可能立刻換工作或轉調其他部門。在這種情況下，指導只會遭人怨恨，一點好處也沒有。

不僅如此，在學校和家庭中，以讚美取代責罵的教育方式日漸普及，從小就在一片讚揚聲中長大的年輕人，對「指導」毫無免疫力，稍微被唸一下就覺得自身人格遭到否定，因而辭職的人也不在少數。人手不足的公司不願見到員工離職，而加倍呵護這些年輕人，深怕一不小心傷害到他們。

然而，無論在哪個時代或公司組織，「嚴格的指導」都是必不可少的行為。

根據《PRESIDENT》雜誌過去的調查結果，有大約七成的人認為職場上必須要有嚴厲的指導。儘管如此，在現實生活中，「嚴格指導」這個行為卻是越來越少見。

主管不嚴格指導下屬，這樣真的好嗎？

嚴格的指導建立在彼此的互信基礎上。建立互信基礎的唯一手段，是一次又一次的溝通。

但意外的是，職場上的溝通很容易遭到輕忽。

在傳統的日本企業中，姑且不論同事之間如何，幾乎沒人重視能幫助主管與下屬維繫良好關係的溝通方式，因為大家都認為：「主管命令下屬做工作，下屬乖乖照做就對了。」但實際上，主管跟下屬維持良好的溝通，才是建立強力組織的重要關鍵。

當主管與下屬維持良好的溝通關係時，哪怕稍微嚴厲斥責，彼此之間的關係也不會產生嫌隙，下屬甚至還會感謝主管的提點。

本書傳授的指導方法並非主管單方面斥責下屬，而是透過與下屬的對話，糾正下屬的行動和想法。無論是指導人的一方還是被指導的一方，都不會感到壓力。隨著指導次數增加，彼此的互信關係會更堅定，職場上的氣氛及人際關係也會更圓融，逐漸形成友善的職場環境。

本書介紹的指導方法，步驟條理分明，適用於個性懸殊的下屬及各種狀況，因此任何人都能輕鬆調整，有效運用。

「不敢指導人」、「開不了口提點別人」的人，只是不知道有效的指導方法而已。其實我以前也是這樣的人。連方法都不懂，當然辦不到。或許有些人是「知道方法但辦不到」，即使如此，光是「知道」辦法，就已經踏出一大步。請先透過本書學會有效的指導方法，逐步實行，總有一天絕對開得了口完成有效的指導。

本書傳授的指導方法，幾乎都與溝通密不可分。溝通就如同組織的血液。善加運用這些肯定下屬的溝通方式，絕對能建立起強大的組織。

已故的日本理化學工業會長大山泰弘曾說：「人生的幸福有被愛的幸福，被人稱讚的幸福，對人有貢獻的幸福，以及被人需要的幸福。這些幸福都能從工作中獲得。」若能打造出洋溢著多重幸福的職場，全體職員都將獲得充實的人生。

撰寫本書的最終目的，正是打造出這般幸福的職場。衷心祝福各位都有順遂的職場人際關係。

二〇一九年四月　田邊晃

CONTENTS

Chapter 2

良好指導的準則

Chapter 3

不能犯的錯誤指導

Chapter 4

對不同類型下屬，採不同指導法

Chapter

5

適合各種情境的指導

Chapter 1

理解指導的本質

發飆前，先冷靜思考一下

指導這個行為，會直接暴露主管的本性。沒做好準備就隨便開罵，絕對會被下屬識破。因此，希望大家先冷靜思考「指導下屬的目的」。

指導的目的，不是為了對下屬施加精神壓力，也不是為了證明自己高人一等。指導能讓下屬留意到自己的不足之處，促使下屬努力改善，一步步成長茁壯。

也就是說，**指導的唯一目的，是幫助下屬成長**。由此可知，指導這個行為等同於栽培下屬。既然栽培部下是上司的重要職責之一，那以**「不擅長罵人」為由，拒絕指導下屬的主管，等於放棄了上司應盡的義務**。

假設現在全辦公室只有你一個人，電話突然響了，你難道能用「我不擅長講電話」當藉口，無視這通電話嗎？在沒人能接電話的情況下，你只能硬著頭皮拿起話筒。

指導也是同樣道理。年輕下屬不貼心、態度欠佳，主管不能只板起臉孔或背地裡罵他「沒用」，糾正他的過錯才是主管該做的事情，跟主管本人的意願和擅長與否無關。

說得頭頭是道的我，其實過去也稱不上理想主管。我不擅長帶人，雖然有下屬，我仍然習慣獨攬一切。相信不用多說大家也知道，這樣完全無法帶動組織的力量。

而且我很不會指導下屬。我不是易怒的主管，只有在擔任課長時，曾對不斷回嘴的下屬破口大罵過一次。

當時我在一家技術公司。有名男性下屬接到一項任務，要調查現在和過去的產品用料。他一大清早就把整捆設計圖攤開來（當時ＣＡＤ電腦繪圖尚未普及）。

我　：「你要不要順便查一下資料室裡的舊設計圖？」

下屬：「聽說資料室的資料不齊全，沒辦法全部查到。」

我　：「設計部的高木先生也許知道資料在哪裡。」

下屬：「聽說高木先生腰痛，這陣子請假，我沒辦法馬上問他。」

我　：「那你跟設計部的木下部長討論一下好了。」

下屬：「木下部長正在出差，這週應該沒辦法討論。」

我　：「採購部應該還有留清單吧？」

下屬：「也不曉得他們還留多少，總之我覺得不可能全部查到。」

我們像這樣來回爭論了十分鐘左右。當時周遭還有三十多名下屬，把我們的對話聽得一清二楚。我頓時覺得顏面掃地，心想：「一定要教訓一下這個囂張的部下。」

當時尚未理解指導本質的我，故意用周圍聽得到的音量大吼：

「你是想怎樣？從剛才開始就一直跟我唱反調！」

我不是真心想吼他，只是想讓他知道「我也是會不爽的」。換句話說，我試圖用權力逼他服從。同時我的內心也出現這樣的想法：「老虎不發威把我當病貓。果然該兇的時候還是要兇一下，才不會被看扁了。」

「該兇的時候還是要兇一下」是正確的想法，但當時的我只想得到「破口大罵」這個手段。

聽到我的怒吼，大家應該都心想「課長生氣了」，整間辦公室像被潑了一盆冷水，頓時鴉雀無聲。每個人都刻意移開視線，被罵的下屬不再反駁我，但事後我覺得心裡很不好受。

之後，我與該名下屬的關係遲遲無法修復。這是意料之內的結果，罵人後的難受感只會持續數個小時，被罵的人受到的傷害卻是久久難以平復，甚至有可能一輩子難以忘懷。我很明顯做錯了。

仔細想想，我在那之前從來沒學過正確的指導方法，當時也少有討論指導方法的書籍，我只能就近觀摩其他主管教訓下屬的樣子，依樣畫葫蘆。

用喜悅帶人，而非痛苦帶人

我在一九七九年踏入社會，當時的主管在指導下屬時，經常會毫無保留地釋放自己的情緒，怒斥：「你到底在搞什麼鬼東西！」等等。雖然我沒有被臭罵過，但印象中同事經常被罵得狗血淋頭，甚至還傳出「某事業部長開會開到一半用菸灰缸砸人」的風聲。該公司重視的是「員工只要有技術就好」、「員工必須靠自己的能力求生」，彷彿像浪人集團，在內部根本不可能觀摩到適當的指導方法。

有次，有名同事被主管怒罵後，沒來公司上班，主管竟然打電話到他家，又把他臭罵了一頓。

見到這幅光景，我心想：「竟然追殺到家裡，他未免太可憐了。」同時又想：「原來不做到這種地步，就帶不動人。」

但我日後發現，這想法其實是錯誤的。

總而言之，在我年輕的時候，最常見的管理方式是「用痛苦帶人」。

「這季的目標還沒達到喔！沒達成目標會有什麼後果，你應該知道吧？」

像這樣用「不這麼做就會吃苦頭」等語句威脅（或實際施加痛苦），就是我說的「用痛苦帶人」。

用痛苦帶人的管理方式（＝痛苦管理）能帶來短期的強烈效果，但當痛苦消失時，人的行動也會戛然而止。

舉例來說，在業績只達成八〇％時，出言威脅：「再這樣下去沒辦法達成目標喔！你要怎麼做？」能強化人的集中力和瞬間爆發力。不過，當業績即將達到九九％時，人會覺得「已經足夠」，而開始鬆懈。

除了「用痛苦帶人的管理方式」以外，還有一種完全相反的帶人術，名為**用喜悅帶人的管理方式（＝喜悅管理）**。當人從順利進展的工作中感受到喜悅時，縱使目標已經達成，也會產生「想再加把勁」、「想再做一次」的欲望。

或許在某些情況下，痛苦管理有其必要性，但用這種方式逼迫下屬行動，等於不斷施加壓力，長期下來，下屬甚至有可能會筋疲力竭、身心受創，導致離職率上升。不僅如此，痛苦管理只能糾正表面的行動，無法改變根本想法，因此，下屬有可能會在另一個時間點或其他情況下，再次犯下同樣的錯誤。

若想讓人自動自發改正言行，罵人時就不能一味地用權力施壓，而是要讓人打從心底認同，心甘情願改變想法。這就是本書所介紹「用喜悅帶人的方法」。

沒有互信關係，永遠叫不動人

用一句話來總結我的指導方式，就是這句話：

「夾雜著讚美的指導。」

相信每個曾被罵過的人都會有同感，遭到責罵的當下，縱使表面上悶不吭聲，內心也會充斥著反抗、屈辱、硬吞下去的藉口、憤怒等情緒，像被龍捲風肆虐了一番。此時對方若硬要跟你講大道理，你會更想反抗，完全聽不進去。由此可知，這種指導方法一點效果也沒有。

不過，若在指導時夾雜著適當的讚美，又會變得如何呢？能像對方證明「我不是敵人，是你的同伴」，使對方放鬆戒心，更容易接受指導的內容。

看到這裡，也許有人會想：

「憑什麼主管還得討下屬歡心啊？」

「主管說什麼下屬乖乖照做就對了。」

這種心情我完全明白。

還有些人會覺得：「我不擅長讚美他人」、「我不適合讚美他人」、「這樣像在討好底下的人，我不喜歡」。也有不少人會抱怨：「我手下那些人全都無可救藥，到底要從何誇起？」

這些人都把「讚美」這個舉動想得太隆重了。後面我會再詳細說明，其實只要適度讚美就可以了。

「你每天都精神飽滿地跟我打招呼。」

「拜託你的事情你都能做好，真的幫了大忙呢！」

就算沒有出眾的商務能力，也可以從處理得當的日常小事誇起。與其說是「讚美」，用「認同」這個詞似乎更妥當。這樣下屬就會感受到「主管都看在眼裡」，這種感受會孕育出互信關係，建立起互信關係後，下屬將自願為主管行動。

反之，若用空洞的場面話搪塞，一下子就會被識破，使下屬產生不信任感，認為「主管想用花言巧語擺布我」。因此，讚美的內容絕對不能是違心之論。

也就是說，若想得到有效的指導成果，從平常就必須認真觀察下屬，找出自己能打從心底認同的優點，哪怕只是雞毛蒜皮的小事。

也許你會想：「平常還要刻意留意下屬的優點，太麻煩了。」老實說，我也有同感。我以前覺得職場是工作的地方，主管和同事間的交流都是次要，只要有業務執行能力，就能順利交差。

我是理科學生，大學時攻讀機械工學，畢業後任職工程公司，曾參與核能發電廠的建設作業。我不是要一竿子打翻所有工程師，但或許是因為長期與機械為伍，導致我不會顧慮他人的心情，天真地以為「只要符合邏輯，工作就能順利進行下去」。

離開畢業後任職的第一家公司後，我轉職到總公司在家鄉北九州市的住宅設備機器製造商，在工廠的技術責任部門待了十年，負責生產技術及品質管理等工作。我在這家公司也是貨真價實的工程師，跟機械相處的時間遠勝於人類。

不過，當下屬人數增加後，我發現情況跟以前不太一樣了。我原本以為有事情要拜託下屬時，只要交代一下，組織就會自動運轉，但事情沒這麼簡單。下屬沒在期限內完成交代的事情、作業內容有誤、態度消極等問題一再重演。

我參加公司舉辦的管理職研修，學到了「明確指示組織方針的方法」和「使工作順利進行的方法」等，但問題依然沒有改善。之後，我被調到印尼的關聯公司，成了該公司唯一的日本人。

印尼人眼中的日本人，就像以前日本人眼中的美國人一樣，是眾人崇拜的對象。雖然員工們表面上都對我唯命是從，但工作進度卻遲遲沒有進展。

當我問他們：「我叫你做的事情你還沒做吔，什麼時候要做？」印尼人百分之百會回我「besok」。「besok」是印尼語的「明天」，意思就是「明天再做」。

雖然「besok」在字典上是明天的意思，但久而久之，我發現他們口中的「besok」，其實是指「明天以後」。

教練理論思考帶人術

我的指示起不了作用的原因之一，也許是因為印尼人慢悠悠的性格，但問題的根本似乎不在於此。當時有負責翻譯的人，而且大部分的事情都能用英文溝通，所以也不是語言不通的問題。

問題出在我的做事方式。在我的認知中，「我是下指示的人，你是遵照指示做事的人」，我只負責分配工作，告訴印尼人要做什麼工作而已，但漸漸地，我發現他們並不會乖乖行動。接著，我發現自己的做法和想法出了嚴重的問題。

發現的契機是我接觸到教練理論。

我被派駐印尼的時間是二〇〇〇年到二〇〇四年，這段期間，美國的指導模式「教練理論」傳入日本。應該不少人有所耳聞，教練理論是一段透過對話引導思考和行動的過程。遠在印尼的我，請人從日本寄來教練理論的相關書籍，認真研讀了一番。

不過，當時我尚未透澈理解教練理論，只領悟到「必須跟下屬好好溝通才行」。直到回日本後，我參加了公司請外部講師授課的教練研修課程，才學到真正的教練理論。為期兩日的研修課程，讓我受到了幾乎動搖既定觀念的巨大震撼。

我總算明白，大道理講不動人，**就算彼此的立場是上司和部下，也必須維持良好的溝通，抓住對方的心，否則對方不會乖乖照做。**

當時我已經五十二歲了，為什麼活了大半輩子還不懂這個道理？在社會上打滾了快三十年的歲月，我真是虧大了。

彷彿像要彌補過去一樣，我專心學習教練理論，邊工作邊取得了溝通心理學的「ＮＬＰ助理訓練師」證照。

說老實話，在學習教練理論前，我不太能體諒他人的心情。教練理論的架構非常符合邏輯，我原本就有理科背景，這種有條有理的說明，幫助我迅速理解情感等由右腦主掌的知覺。多虧如此，我明白了體諒他人心情的重要性（說句題外話，由於我靠理論瞭解到某些情感，因此現在我自稱是「靠左腦理解右腦的男人」）。

在接觸教練理論前，我對他人的情感沒有太大的興趣，不會站在對方的角度思考，是個遲鈍的人。要說我究竟遲鈍到何種地步，舉個例子來說，不管人家說什麼我都會照單全收，不會去揣測話語背後的真心話，也不會去修正牛頭不對馬嘴的對話。

下面介紹一個略微誇張的情況。

我在最早任職的公司負責引進某機器，該機器的施工要領書也是由我製作。某天，其他案件的組員來問我：「我們的案件也想引進這種設備，想參考一下你們的資料，你的施工基準書已經做好了嗎？」

我心想：「施工基準書跟施工要領書的名稱不一樣，應該不是我在做的施工要領書。」所以只回他一句：「施工基準書？我們沒有做那個吔。」我完全不在乎對話的前後文跟對方的音調等，只重視表面的詞句。

事後我才知道，他只是想收集跟施工有關的想法、要領等資料，雖然名稱不同，但我的施工要領書也足以派上極大的用場。

若是現在的我，應該會熱情地回他：「我沒有做工事基準書，但是有做工事要領書，你需要怎樣的資料呢？」

就像這樣，我完全不會揣測對方話中的真心話。

有些人嘴上說「好」，心裡不一定覺得「好」。有心不甘情不願的「好……」，也有爽快答應的「好！」，但我卻狹義地認為「好＝ＯＫ」，完全沒有懷疑過其他可能性。

我不是在合理化自身行為，但我認為多數男性都像我一樣不擅長洞察他人的情感，女性比較懂得揣測及理解他人的心情。就像前面提到的，我長年活在理工的世界裡，這也許是導致我輕視感情的原因。雖然我的職場上也有女性，但畢竟還是以男性為中心。

我的妻子就是個標準的右腦派，經常想到什麼就說什麼。雖然這在家裡是再正常不過的事情，但我總是很難接受她隨興的發言，每次她說錯什麼名稱或用了不當的形容，我都會很在意她的錯誤，忍不住想糾正她。

曾發生過這樣的事情。有次我們一大清早到郊外的人氣咖啡店時，發現停車場已經停了一半左右的車。

妻：「哇！已經停滿了吔！」

我心想「咦？不是才停了一半嗎……」便忍不住反駁她：「停滿？才停五、六成左右而已吧？妳只是看到這些車，才覺得停了很多車而已吧！」

不僅如此，她還經常突然轉變話題。我們一起在家邊看電視邊吃晚餐時，曾有過這樣的對話。

妻：「這麵條很Q，真好吃。」
我：「嗯，真的好吃。」
妻：「這種湯果然還是要配Q彈的粗麵條。」
我：「而且很有嚼勁。」
妻：「真的很瘦吔。」
我：「咦？妳在說什麼？」
妻：「〇〇小姐的腿啊！」邊說邊把視線移向電視上的藝人。
我：「妳這樣突然轉移話題我哪跟得上！」

像這樣突然轉變話題，我難免會面露不悅。但其實在妻子把視線從餐桌移到電視的當下，我就應該要察覺到，她的焦點已經轉移到電視上了才對。

本書介紹的就是一個像這樣執著於道理，對人類情感遲鈍至極的人，吃盡苦頭後摸索出的指導方法。雖然任何人用此指導方法都能得到不錯的效果，但我能拍胸脯保證，跟我一樣「遲鈍」的男人，適用效果會特別顯著。

而且此指導方式的基本步驟條理分明，方便配合實際狀況輕鬆修改。

專欄
Column

構成組織的三大要素

經營學家切斯特．巴納德提出，公司等正式組織，皆有三個必要的構成要素。

首先要有該組織是為了什麼而成立的「共同目標」，再者為成員願意為組織付出的「貢獻意願」，最後是能實現「共同目標」和「貢獻意願」的關鍵——成員之間的「溝通能力」。

我從來沒把職場上的溝通當一回事。在我心中，完成工作是首要任務，其次才是人際關係。

卡茲模型

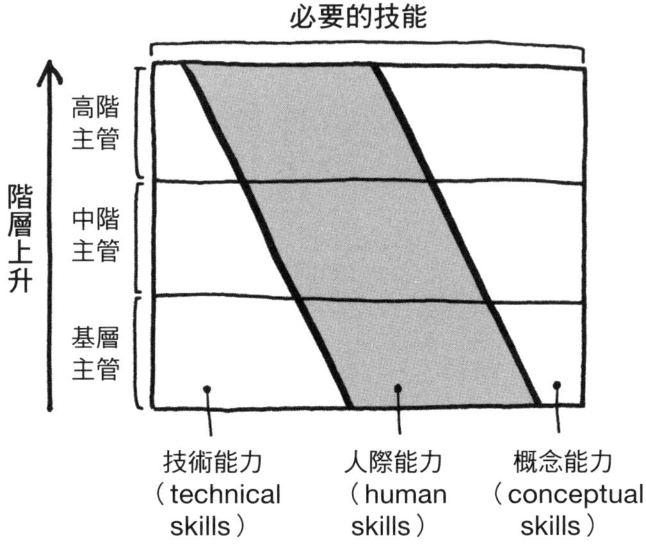

溝通、報告、交涉等人際關係能力，
在任何層級都是重要的技能

不過，同樣身為經營學家的羅伯特・卡茲認為「人際能力（human skills）」還包含「技術能力（technical skills）」和「概念能力（conceptual skills）」等工作技能，並於一九五〇年代提出解釋此論點的知名「卡茲模型」（如圖）。

從此模型可以看出，基層管理職需要有豐富的商品知識、簿記能力和熟悉技能等技術能力，比較不需要企劃制訂、問題解決等概念能力。隨著階層上升，這兩種能力的需求比重會逐漸反轉。另一方面，溝通能力、報告能力、談判能力等人際關係能力，對各階層的管理職來說都相當重要。

傳統公司只重視技術能力跟概念能力，不太在乎人際能力。然而，包含上任的主管在內，對所有管理階層來說，人際能力都是不容忽視的重要技能，將之歸為次要其實是錯誤的想法。

Chapter 2

良好指導的準則

0 消除對「指導人」的心理障礙

習慣指導前，會覺得指導的難度很高。畢竟沒人能保證，錯誤的指導不會在彼此之間留下疙瘩。

因此，毫無準備就直接開口罵人，是非常危險的行為。必須先有一定程度的知識和準備，才能達到理想的指導效果。

首先，我們必須消除在無意識間對指導抱持的罪惡感和棘手感。請先理解以下三件事。

1 理解指導的目的

2 理解自己的責任

3 理解人心

先進行1，理解指導的目的。

我在前面曾提到，主管最大的責任是幫助下屬成長，具體來說應追求以下三點。

● 糾正下屬的行動和想法

無論是多麼優秀的下屬，只要生而為人就不可能十全十美，犯錯在所難免，也會有不成熟的地方。若下屬能自行察覺並主動改善，那當然最理想，若非如此，主管有義務糾正下屬的錯誤。

● 拓展下屬成長的可能性

受到主管精準指導的下屬，絕對會成長茁壯，因為改善主管指出的錯誤行動和想法，等於踏實地往前邁進。這就好比父母教育孩子，縱容絕對不是愛情表現。

● 提升下屬的動力

也許你會擔心指導將導致下屬的動力降低，但本書介紹的指導方法是在指導同時也認同下屬的優點，並適度誇獎的方法。因此，即便是刺耳的指責，下屬也會虛心接受，甚至還會想：「沒想到主管對我如此觀察入微，我這麼備受期待，一定要好好表現。」

接著是2，理解自己的責任。

前面已經多次提到，指導下屬是主管的責任。主管必須以第一負責人的身分擔起責任，不能丟給其他人去做。就算你不擅長指導，我相信你應該也明白，自己是擺脫不了這個責任的。

最後是3，理解人心。

人類對怎樣的事情會有如何的反應？要怎樣才能讓對方理解自己想表達的意思？

本書會適時解說人類的心理狀態，讓大家透過內容學習人類的心理，像是「這種表達方式會惹人反感」、「這種表達方式能深入人心」等。理解人類的心理後，指導再也不是件難事。

不過於主觀，針對客觀事實精準指導

指導下屬前，必須先認清幾件事，其中一件是「真相不只有一個」。

假設你有位名叫田中的下屬，在與其他部門合開的每週例會遲到了三十分鐘。這並非田中首次遲到，上週會議他也遲到了。身為主管的你，可能會覺得「田中沒有時間觀念」、「田中不重視會議」或「田中工作偷懶」。但這件事情的客觀事實只有一個，那就是「田中連續兩週開會遲到」。

「田中沒有時間觀念」、「田中不重視會議」和「田中工作偷懶」都是你本人感受到的**主觀事實**，只不過是你的主觀臆測和評價罷了。

「你把會議當成什麼？」

「你還有心想做這份工作嗎？」

若分不清「客觀事實」和「主觀事實」就急著開罵，指導時會像這樣遭到主觀事實支配。然而，**不光是你有主觀事實，田中也會有自己的主觀事實**。

他的主觀事實可能是：

「我很清楚開會的時間，但重要客戶剛好打電話來客訴，我沒辦法中途掛電話。」（這個優先順序是正確的）

「我有預留足夠的移動時間，但電車延誤太久。」（這是無可奈何的）

諸如此類。

當主管遭到「這傢伙輕視會議」、「這傢伙在偷懶」等主觀事實支配時，將萌生出其他情緒。

例如：「竟然在我主辦的會議遲到，害我沒辦法給其他部門做表率。」「這傢伙是瞧不起我嗎？」

當人對某件事抱有主觀的臆測或評價時，將在短短一瞬間萌生出其他情緒，導致人容易光憑主觀事實的臆測、評價或情緒就開口罵人：「喂，你給我小心點。」「你最近是不是太鬆懈了？」

如此一來，被罵的一方也無法心服口服，會試圖反抗。

因此，**一定要鎖定客觀事實作為指導對象**。

主管並非不能有自己的臆測、評價或情緒，只是如後面會再提到的「不要直接發洩情緒」，而是用聰明的方式傳達想法，才能提高指導成效。

清楚告訴下屬「為什麼被訓」和「具體改善方向」

「你在搞什麼！」你有沒有冷不防突然挨罵的經驗呢？

被罵得一頭霧水時，別說是反省了，只會更想唱反調而已。因此，必須在指導前先一起確認指導的原因。

「你連續兩週開會都遲到三十分鐘。」若不像這樣先指出指導的原因，下屬將難以理解為何遭到指責。但意外的是，很多主管都會省略這個動作，自以為下屬能理解自己的想法。但下屬就算聯想到「應該是在說那件事吧」，也有可能認為指責內容並非自己的過錯，或低估自己的錯誤。因此，主管一定要明確指出指導的原因，向下屬說清楚。

「昨天下午發生了這樣的事，對吧？」

「前天下午跟顧客說明產品內容時，你以為沒人注意到，一直用右手轉筆，對吧？」

「上週五我跟分店長打招呼時，你說名片剛好發完了，所以沒給他名片，對吧？」

就像這樣，先明確指出要指導的事情和發生的時間，讓下屬清楚明白究竟是哪個行為不妥。

此時只要傳達事實就好，無須多言，不要多補一句：「都是因為你太大意所以才……」或「希望你別再這樣了……」

接著講出自己對這件事的「臆測和評價」。此時必須留意的是，**不要用以「你」為主詞的「You message」，而是要用以「我」為主詞的「I message」**。

若用以「你」為主詞的「You message」，就像在斷定對方「**你**太鬆懈了」。

舉例來說：「**在我看來**，你似乎缺了點緊張感。」「**我**覺得你不重視會議。」用這種**自己看來**是這樣、**自己**覺得是這樣的說法，等於在陳述正確的事實。再加上沒有以「你」為主詞，也等於沒有斷定對方。

「**我**認為……」

「**在我眼中**是……」

「**在我耳裡**是……」

「**我**覺得……」

請善用這類說法。

為什麼用這類說法比較妥當呢？因為下屬或許也有自己的事實，下屬的想法可能跟主管背道而馳。

當主管對事情產生臆測或評價時，必定會伴隨著自己的價值觀和想法。譬如說，主管的價值觀是「就算天塌下來也要準時出席會議」，但這只不過是主管的主觀想法，其他人的價值觀可能是「公司外部的客人比公司內部的會議還重要」。

至於臆測和評價為何會萌生出情緒，是因為期待對方按照自己的價值觀行動。「身為我的下屬，一定能確保充裕的時間準時參加會議」，期待遭到背叛，因此怒火中燒。

不過，請你仔細想想，是你自己擅自對他人抱有期待，跟對方一點關係也沒有。

「**你**為什麼每次開會都遲到？」

「**你**太不遵守時間了。」

若像這樣用「**You message**」斥責對方，對方會覺得受到強迫、遭到

不要用否定對方的說法（You message），
而是用自己因對方言行而感受的說法（I message）

擅自評斷，因此產生反抗心。

若改用「**在我眼中**看起來是……」的說法，對方也會覺得「或許真的是這樣」，保有更多自我反省的空間。

用「I message」傳達自己的想法和評價後，告訴對方自己的期望，例如：「我希望從下次開始，你可以在會議開始前五分鐘進入會議室。」

主管對各種狀況的期望觀點都不同，有「希望下屬今後這樣做」等避免再犯觀點，以及「希望下屬跟顧客道歉」等事後處理觀點等。

不需要鉅細靡遺地把自己的期望全告訴下屬，讓他自行思考接下來該怎麼做，給他決定的空間，這也是很重要的。

等怒氣散去，才準備指導

無論有多氣憤難耐，都不要當下指導。這是非常重要的原則。先等個半天到一天左右，等到當天傍晚或隔天午休再指導。

利用這段空檔整理事實，或平復怒氣。等到準備妥當後，再到會議室等能夠獨處的場所指導。

進行指導準備時，不要光在腦中想，而是要寫成文字，記錄在筆記本上。參考第五十四、五十五頁的範例填寫表格，整理腦中思緒，即能避免意氣用事，冷靜地指導。

如前所述，我們在掌握事情時，容易將「客觀事實」與「主觀事實（也就是臆測、評價、情緒）」混為一談，一定要分清楚這兩個事實。

指導對話準備表

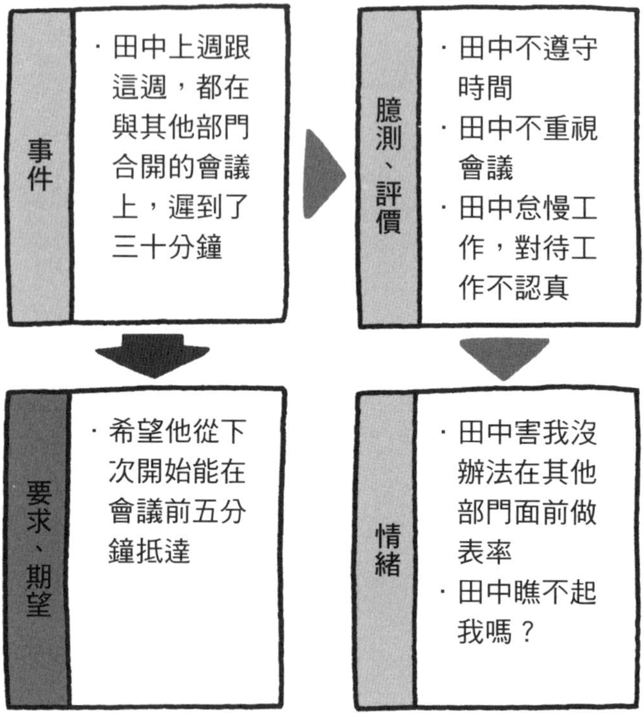
事件
· 田中上週跟這週，都在與其他部門合開的會議上，遲到了三十分鐘
臆測、評價
· 田中不遵守時間
· 田中不重視會議
· 田中怠慢工作，對待工作不認真
要求、期望
· 希望他從下次開始能在會議前五分鐘抵達
情緒
· 田中害我沒辦法在其他部門面前做表率
· 田中瞧不起我嗎？

以田中（P.44）為例

指導對話準備表

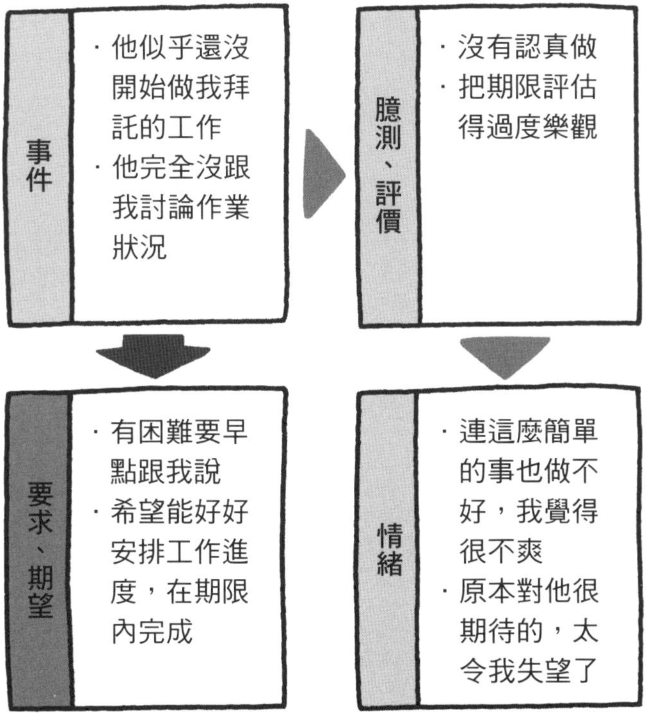

以沒完成工作的下屬為例

並不是要大家絕對不能表露出「臆測和評價」，只是要展現出其效果。

「情緒」也不必完全封印，只不過，若能在傳達憤怒的情緒時，用比平常還冷靜的語氣說：

「這次我實在很生氣。」

「那時候我真的很憤怒。」

「我真的很失望。」

下屬更能體會到事情的嚴重性。

傳達憤怒和失望的情緒，能有效讓對方察覺，自己的行為舉止究竟造成了多大的影響。

但切記絕對不能「用**情緒化**的方式傳達情緒」，一定要抑制心中的怒火，等到冷靜下來後再傳達情緒。

儘管如此，難免還是會有氣到當場發飆的時候，此時仍有挽救的機會。

可以等過了半天到一天後，再重新指導一次。

「對不起，剛才（昨天）對你大呼小叫。我想再跟你好好談一次，現在方便嗎？」這樣就能重新來過。我把這種指導方式稱為**「兩段式指導」**。

日本憤怒管理協會提倡的怒氣控制手法「憤怒管理」將此做法稱為**「生氣時等六秒原則」**。等個六秒鐘，再強烈的怒氣也幾乎都會煙消雲散。只要避免當場開罵，另外找機會指導，情緒也早已恢復平靜。

把怒火中燒的自己和傳達憤怒情緒的自己區分開來，在傳達憤怒情緒時，回憶起怒火中燒的自己，告訴對方：「真可惜，我本來很看好你的。」就可以了。

若能明確指出時間，像是「**這次**很生氣」或「**那時候**很憤怒」，更容易傳達自己的情緒。因為換個角度想，既然說了「這次」或「那時候」，就代表「現在已經沒在生氣了」。

還有一點要注意，傳達情緒本身並沒有問題，但**有些人屬於「自我燃燒型」，會在傳達情緒的過程中重新點燃憤怒情緒**。此類型的人不妨嘗試溝通心理學協會ＮＬＰ提倡的「改變視點」方法。

想像自己靈魂出竅，飛到天花板俯瞰正在講話的自己和下屬，從外界角度觀察自己。ＮＬＰ將站在自身立場看自己稱為「結合（associate）」，將站在外界角度看自己稱為「脫離（dissociate）」。

唸下屬唸到快要爆發時，請試著脫離自己的身分，想像自己正從無人機俯瞰自己，或是站在十層樓高的大樓俯瞰自己。這樣你就能站在客觀的角度觀察情緒化的自己，發現自己「還真是暴跳如雷」。

絕對不能批判下屬的內在特質

如前所述，事實分成客觀事實和主觀事實。最合理的傳達方式是用「You message」傳達客觀事實、用「I message」傳達自己的臆測、評價或情緒。言之有理的說明能讓挨罵的人接受自己的錯誤。

不過，要說挨罵的人有沒有打從心底接受，那又是另外一回事了。雖說合理的傳達方式勝過不分青紅皂白劈頭亂罵，但對方心裡不一定能認同。因此，除了合情合理的傳達方式以外，還必須同時觸及對方的內心。

首先要明白的是，人類有內在特質跟外在特質。

內在為人的內心，指的是自我認同（identity）、「人格」、「想法」、「重視的事情」＝價值觀、堅信「必須這樣才對」的信念等。被主管說：「你的想法不對，要改一改。」等於內在特質遭到攻擊。當內在特質遭到攻擊時，人為了保全自我，會張開防護罩，聽不進任何話，拒絕接受一切意見。

因此，指導時絕對不能批判對方的內在特質。就算覺得此人的內在特質有問題，也不能輕易指責。認同對方的內在特質才是最重要的。

我們能指導的只有行動、事後結果、態度等外在問題而已，能請下屬糾正的也只有外在問題而已。或許你會想，站在主管的角度，當然希望下屬能改善內在問題，但其實只要外在問題能順利解決，從外面看不到的內在問題根本無傷大雅。再說，在不斷指責外在問題的過程中，內在問題也會神奇地自然發生變化。

不能否定人的內在特質，代表不能罵對方「騙子」、「沒用」、「無能」。哪怕對方真是如此也絕對不能說出口，只能指導看得見的外在問題。

支持及肯定
對方的
內在特質
內在
（人格）
外在
只指導
（指責）
外在問題

若指導內容無關本人的人格，本人也比較容易接受。不能踐踏對方的自尊心，也不能否定對方的人格，而是要給予支持與肯定。

假設有個「認為不必遵守時間，慣性遲到的人」。這個人的內在特質很明顯出了問題，但主管在指導他時，不能否定他的內在特質，罵他「不守時」，而是要尊重他的內在特質，給予支持與肯定。

雖然「不守時也沒關係」的價值觀確實無法容忍，此時可以先刻意忽視這個問題，先誇獎其他內在特質。

「你每次都主動挑戰新事物幫助大家，為大家帶來很多活力呢！」

像這樣指出自己認同的內在特質。即使對方有需要改進的內在問題，也先暫時放一邊，先表揚其他部分，再指出客觀的事實。

「話說回來，你這週跟上週的會議都睡過頭遲到吔。」

就算對方的內在特質真的有問題，一味地斥責也只會激起對方的反抗心而已。先認同其他優點，再針對遲到這個行動來指導。

這樣一來，他本人也會發自內心反省：「啊，對吔，不遵守時間果然不太好。」並且努力改善行為。

當下屬產生「上司認同了自己，是自己的同伴，他說的話可以聽一下」的想法時，就會鬆開保護內在的防護罩，願意主動改善內在問題。

因此，更重要的是告訴對方「雖然遲到不好，但你還有很多優點」，或是「大家都很感謝你平時的付出」等，認同對方的內在特質。

提升對方的自我認同，也是改變其內在特質的方法之一。

「再怎麼說，你今年也升上組長了，底下也有年輕的員工，希望你能成為大家的好榜樣。」

「希望你能跟我一起把職場變得更好，你一定沒問題。」

像這樣強化對方的自我認同，也能成為刺激他主動改變的契機。

O 透過日常觀察，認同下屬內在特質

現在問題來了，面對想指導的人時，你可能開不了口稱讚他的內在特質。但是，就算你覺得「這個人一無是處」，仔細尋找也一定能找到優點。前提是你必須透過日常生活仔細觀察，否則絕對不可能馬上發現。

「你是我們職場的開心果。」

「我知道你經常幫同事分擔工作。」

「你對他人體貼入微，大家都喜歡追隨你。」

像這樣跟對方強調「你是這個職場上不可或缺的一分子」，能強化你對他的影響力。

跟下屬說內在優點時，不必在意要用 I message 還是 You message，單方面斷定「你真是……」也沒問題。不管你用了怎樣的表達方式，對方都會心花怒放。即使你誇了他從沒留意過的地方，他也會覺得「原來主管是這樣看我的」。

讚美下屬的內在特質，並不是為了討他歡心，而是要向他證明「我跟你站在同一陣線」。為此，主管必須從下屬身上找出值得一提的內在特質，加上自己的正面評價後，傳達給下屬。

該罵的還是要罵，但必須站在支持、肯定、包容、承認下屬內在特質的立場上。

講出下屬的內在優點，其實意外地困難。到昨天為止都板著一張臉的上司，今天突然冒出一句「你真貼心」，不僅毫無說服力，甚至會讓下屬感到噁心，懷疑「部長是不是吃錯藥了」。

想把話好好傳達給對方，必須先安排好「對話流程」，並運用「對話技術」。

對話流程可參考第八十一頁介紹的【指導腳本】，這裡先跟大家說明對話「技術」。

最重要的對話技術是「傾聽」和「詢問」。

近年來，「傾聽」一詞逐漸為人所知。「傾聽」不同於單純的「聽」。「聽」這個漢字包含了「耳」、「目（雖然橫躺著）」和「心」，也就是要透過心與眼，努力理解對方話中的含意。傾聽是個結合了多項要點的技術，以下逐一介紹。

傾聽1　說話內容跟態度要保持一致

傾聽時必須留意，說話內容跟態度要保持一致。換個專業一點的說法，就是「語言訊息」與「非語言訊息」要保持一致。

語言訊息，即為說出口的話語；非語言訊息，指的是聲調、表情、姿勢、舉止等。實際上，經常能見到這兩者不一致的狀況。

假設主管在收到下屬製作的文件時，開口誇獎：「這份報告做的真不錯，顧客評論欄寫得很好。」

若主管是邊看文件邊誇，或面帶笑容直視下屬，就毫無不自然之處。

但若主管是邊看電腦螢幕邊誇，或眉頭深鎖、表情嚴峻地說這句話，語言訊息跟非語言訊息產生分歧，就會給人不自然的印象，被誇獎的下屬也會質疑「主管到底想說什麼」，不相信這番讚美。

在語言訊息與非語言訊息不一致的狀態下誇獎他人，只會顯得虛偽，造成反效果。

除了自己開口時以外，聽下屬說話時也必須留意這點。當你想出聲附和或表示認同時，說話內容跟態度一定要保持一致。

傾聽2　附和時也要下工夫

接下來的重點是，讓對方明白自己正在傾聽的「附和方式」。

邊說「嗯嗯」邊上下擺動頭部「點頭」，是傾聽時的基本附和方式。其他還有「這樣啊」、「是的，我明白了」、「原來如此」等多種附和方式。

附和能讓說話者認同「這個人有在認真聽我說話」。也可以用「催促」代替附和，催促對方「再多說一點」。

「是喔，所以後來怎麼樣了？」

「接下來發生什麼事呢？」

像這樣催促對方，會讓人忍不住話匣子大開。

當人說：

「我今天是搭飛機來的。」

你可以跟著複誦：

「你今天是搭飛機來的喔。」

這種「應聲蟲」附和方式，也能給對方「你有在聽我說話」的滿足感。就像有人跟你說「我喜歡爵士樂」時，你回他「爵士樂不錯喔」一樣，重複對方話中的一部分，也能給人自然的印象。

傾聽3　無法認同也沒關係，能理解就好

傾聽的基本原則是接受對方的發言，但這並不代表要「全面同意對方的話」，即使無法完全「認同」也無所謂，只要能「理解」就好了。

假設當你感到寒冷時，有人跟你說：「今天好熱喔」。若這個人是我的妻子，我會毫不留情地回她：「今天明明就很冷，妳怎麼會熱啊？」

不過，她覺得熱也是事實。這時候就算我無法回她「我也好熱」也無所謂，只要我能理解她覺得熱就好了。

理解等於認同對方的想法。

我只要在理解後回她：「妳覺得熱喔？」或「是喔，妳會熱喔？」接著再補一句：「奇怪，我覺得有點冷吔。」就好了。簡單來說，理解就是向對方表示「我明白妳覺得熱了」。而理解也是傾聽的基礎。

「妳怎麼會覺得熱？」、「去看一下溫度計，明明就很冷！」此時若像這樣不斷反駁，只會引起紛爭。就算無法認同，也別忘了要理解對方。

用提問帶出下屬的真心話

提升溝通能力的另一個技巧是「詢問」。

人通常會在想知道答案時開口詢問，但詢問的效果可不只這樣，還能讓人「把注意力轉移到詢問的內容上」。

例如，當你和某人說話時，你問他：「這個房間有幾個日光燈？」對方絕對不會直接回「不知道」，而是會抬頭看天花板，開始數日光燈的數量。

這是一種「包裝成詢問的命令」。也就是說，就算你不直接命令他「數日光燈的數量」，也能靠詢問促使他行動。

不僅如此，有些詢問還能讓人「察覺到自己該做的事情」。

舉個簡單的例子，有個三歲小孩在庭院裡玩耍，聽到媽媽說「來吃點心了」，他直接用手抓起點心準備塞進嘴裡。

「○○小朋友，吃點心前要先做什麼事呀？」

聽了媽媽的問題後，孩子會察覺到：「啊，要先洗手才對。」如此一來，下次再遇到同樣的事情時，就算媽媽不出聲提醒，孩子也有可能會主動洗手。就像這樣，詢問也是幫助人自我察覺的有效方法。

聰明的詢問能帶動對方的興致，使對話更加熱絡。此時最重要的是「等待回應」。

「你覺得怎樣比較好呢？」當主管如此詢問時，下屬不一定能馬上給出答案，但就算下屬只沉默兩至三秒，主管也會覺得時間過了很久。

很多沒耐心的主管，會直接打破沉默說：「就是要這樣做啊！」

但此時等待才是最重要的。因為對方正在思考，所以才無法馬上就給出答案。

或許少數人只是裝出在思考的樣子，其實腦袋完全放空，但絕大多數的人在聽到問題後，都會進入思考模式。沉默是認真思考的證明，若不給人仔細思考的時間，指導的效果恐怕會大打折扣。

不過，雙方都陷入沉默難免有些尷尬，此時主管不妨多補一句：「你慢慢想沒關係。」然後等個一分鐘左右，下屬肯定會率先開口。

抓出下屬話語的重點

當對話進行到某種程度，問出下屬的隱情跟真心話後，主管必須從話中抓出重點。像是：「你沒有忘記開會的時間，只是在會議開始前客戶突然有急事打來。」這樣不僅能幫助下屬整理思緒，還能讓他知道：「主管對自己的說法有怎樣的看法。」

抓重點時應留意，不能添加自己的主觀臆測和評價。

「也就是說，你認為只要是客戶的需求，一定要視為最優先事項，對吧？」

切記絕對不能像這樣講出對方根本沒說過的話，或是妄下定論。

抓重點的意思是，將對方說的五句話濃縮成一句話。若自行加油添醋，就不是抓重點了。

耐心等待下屬開口，不添加自己意見，整理話中的重點，這種「傾聽」技術並非短時間內就能習得，但至少希望大家能慢慢朝著此目標邁進。

無論在哪種情況下，都建議大家採取對話式指導，仔細聆聽對方的話。若要說傾聽有什麼缺點，唯一的缺點就是太耗時。但我可以肯定，撇除掉耗時這個缺點，聽對方說話絕對不會讓情況變得更糟。因此，只要時間許可，一定要多聽對方的話。

換個說法，指導等於是讓人接受原本沒有的新想法。不過，對方心裡早已充滿自己的想法，就像一個裝滿水的杯子，若不先把杯中的水全部倒掉，就無法裝入新的水。

因此，**指導時必須讓對方吐出所有心聲，把心中的杯子淨空**。

指導時，請先傾聽對方的想法和心情，
讓他淨空心中的杯子。

此時的重點在於，不能只聽一部分，而是要傾聽他所有的想法。

有些人在發現快挨罵時，會開始找藉口。找藉口也是淨空杯子的重要步驟之一，若強硬回應：「別找藉口，你就是這樣！」只會激起他的反抗心，讓他更不願意乖乖順從。

因此，當下屬開始找藉口時，你就算想吐槽「這是兩碼子事吧」、「真虧你能找到這麼好的藉口」，也必須保持安靜，專心傾聽。

等他傾吐完所有想說的話後，再回應：

「哦，是這樣啊。原來還有這回事啊。」

讓他知道你已經聽進去了。很多人會漏掉這一步，記得一定要給予回應。等說完這句話後，再重新提醒一次：

「雖然如此，你那個舉動還是不太行。」

一步步循序漸進就行了。

到了這個階段，下屬心中的杯子早已淨空，總算能坦然接受主管的話。

通常的對話模式是我說一句，你回一句，雙方交互發言。不過，大家真的有認真聽對方說話嗎？我抱持著十分懷疑的態度。事實上，當對方在說話時，很多人滿腦子都在思考自己接下來要說什麼。

為了避免如此，應先仔細聆聽對方的話，而且要確實聽進去，然後讓對方知道自己有「聽進去」。到了這個階段，再來準備自己要說的話，別自顧自地喋喋不休。

指導應符合的「準則」

我推薦的指導方法有一些固定的「準則」，我將此準則稱為【指導腳本】。

若能按照指導腳本進行對話，過程比起「指導」會更接近「對話」或「討論」。雖說指導腳本的內容可以自行調整，但一開始最好還是先依照準則來對話。

指導時最重要的是依照「讚美↓指導↓讚美」的步驟，指導前後都要誇獎一番。像三明治一樣，用讚美夾住指導。這種方法不僅不會傷害對方的自尊心，還能紮紮實實地訓人一頓。

所謂的讚美，並非故作誇張地大肆讚揚。

可以慰勞辛苦：「前陣子辦活動時，謝謝你幫客人帶路，辛苦你了。」

或是給予認同：「我知道你每天都最早到公司。」

或是表達謝意：「謝謝你一直以來的努力。」

這些都稱得上「誇獎」。

接著來說明【指導腳本】的基本流程。

指導腳本

事前階段 準備與營造氣氛：「一直都很感謝你。」

第1階段 指出客觀的事實：「發生了這樣的事情。」

第2階段 提出要求與期望：「我是這樣想的。」

第3階段 傾聽對方的想法：「你是怎麼想的呢？」

第4階段 讓他思考解決方案：「你接下來要怎麼做？」

第5階段 從旁支援：「我能幫你什麼？」

事後階段 感謝與鼓勵：「今天謝謝你，加油。」

首先是**事前階段**，「準備與營造氣氛」。先確認自己的指導目的。「一直以來都很謝謝你，有你幫忙提醒大家，真的幫了我大忙。」指導前先道謝或認可對方平時的努力。此階段需要能讓對方放鬆戒備的關鍵詞。說出「謝謝」或「幫了大忙」等讚美語句，並提出能證明此讚美的根據。

接著進入**第1階段**，提出客觀的事實。「話說回來，昨天發生了那樣的事吔。」用這類語句切入。

「你上週開會遲到，昨天開會也遲到。」像這樣陳述事實。

此階段必須明確指出客觀的事實。

再來進入**第2階段**，提出改善與糾正的要求。

此時請用以「我」為主詞的 I message 傳達。

「**我**希望你這樣做。」

「會議用的是大家的時間，可能因為你一個人遲到而延誤開會時間。就算在少了你的情況下準時開會，之後也有可能會為了你重述前面的內容，這樣也等於占用了大家的時間（客觀的事實）。為了避免如此，你應該要在會議開始前進入會議室，確保會議能準時進行。**我認為**這是商務人士該有的禮貌，也是應遵守的規矩（I message）。」

提出改善與糾正的要求後，再次肯定對方的內在特質。不須猛烈支持或大肆讚揚，只要指出自己能體諒、認同的重點即可。這稱為**「體諒重點」**，體諒重點跟指導內容沒有直接關聯也無所謂。

「話說回來，你從平常就很熱心助人，我很喜歡你這點。以一個商務人士來說，**我覺得這點非常了不起，但是**你連續兩週開會都遲到，真的讓我很失望。」

像這樣指出體諒重點，同時僅針對行動或發言等外在部分進行指導。為此，從平常就應該要尋找下屬的優點，好好記錄下來，並磨練觀察下屬的能力，以備不時之需。有了「體諒重點」，下屬就不會把主管視為敵人，能產生同伴意識，敞開心胸接受主管說的話。

接著進入**第3階段**，傾聽對方的話。

「我是這麼想的，你是怎麼想的呢？」

「上週是因為去拜訪客戶，客戶臨時有事情，所以我才比較晚回公司。昨天是因為有一份今天早上一定要交的資料，我一直在趕工，結果做得太認真，不小心遲到了。」

對方會開始說明事情原委。

此時最重要的是，一定要讓對方把內心話全部講出來，也就是要淨空他心中的水杯。就算你想插嘴嗆他「資料早該在前一天做完」，也先別著急，總之先聽他說完所有理由。

「哦，原來是這樣啊。」

聽完對方的辯解後，再像這樣回應，表示自己已經理解，然後進入第4階段。

第4階段，是請對方思考今後的解決方案。

此時可以詢問下屬：「我已經明白你遲到的原因了，但開會遲到畢竟會影響到其他人，所以還是希望你能嚴格遵守時間，你接下來想怎麼做呢？」或是「我知道了，原來發生了這種事，但會議也很重要，我希望你能準時參加。今後也有可能發生同樣的事，你打算怎麼做呢？」

讓下屬自行思考今後的解決方案也很重要。

若強行制訂解決方案，逼迫下屬「一定要這麼做」，下屬並不會主動遵守。但若換個方式詢問下屬「你想怎麼做」，下屬就會主動思考。接著就像前面提過的，此時下屬也許會暫時陷入沉默，主管絕對不能急著給出答案。

「我也可以幫你想很多方案，但還是希望你能好好思考，有些地方還是希望你能自己調整，你覺得如何呢？慢慢想沒關係。」主管像這樣推波助瀾即可。

「我明白了，以後要開會的那天早上，我會安排只拜訪兩家客戶。」

等下屬說出這類具體方案後，繼續仔細聆聽，並給予適當的建議。

「哦，我知道你的想法了，但這樣你每週要拜訪三十家客戶的目標能達成嗎？只拜訪兩家好像有點少吔。」

「嗯，說得也是……這樣好了，我找幾家比較沒問題的客戶，開會當天早上固定拜訪四家。」

「好，這樣還不錯，你能辦到嗎？」

像這樣一起調整，決定最終對策。

接著是**第5階段**的「支援」。

「有什麼需要我幫忙的地方嗎？」在向下屬傳達主管的要求時，別忘了加上這句話。

「有什麼需要我幫忙的地方嗎？」下屬聽到這句話後，或許會提出某些需求。

像是「若有絕對不能遲到的重要會議希望能提前告知我」，或是「希望不要突然安排會議」等。若是合情合理的要求，主管大可欣然接受，若非如此，兩人可以進一步討論。

最後是**事後階段**，再誇一次下屬的內在特質或給予認同，用讚美夾住剛才的指導。

「你真的幫了我很多，我很依賴你，希望你能繼續加油。我很信任你，希望能跟你一起帶著部門前進，接下來還是要萬事拜託嘍！」

用類似這樣的方式收尾。

循序漸進完成所有階段，其實不需要花太多時間，頂多三十分鐘左右，順利的話五至十分鐘就能結束了。

「似罵非罵」可以強化與下屬的信賴關係

採取「似罵非罵」的對話式指導，不僅指導者不會覺得「自己在罵人」，被訓者也不會感受到「正在挨罵」的壓力。

此指導方式能建立起上司與下屬的對話，讓下屬產生「上司很瞭解我」、「上司有默默關心我」、「上司對我抱有期待」的心情，此時指導反而能強化下屬與上司的信賴關係。

若無依照【指導腳本】，絕大多數的人在指導時都會漏掉**第3階段**（傾聽對方的想法）和**第4階段**（讓對方思考解決對策），自顧自地說完自己想說的話，就直接結束指導。

我們在指導時，往往「不願意聽藉口」，但既然都要訓人了，不管對方說出多麼自私、多麼幼稚的藉口，我們都應該要好好聆聽。等他傾吐完所有想說的話後，他心中的杯子自然會淨空，光是如此，就已經能大幅提升指導效果。

偶爾像這樣跟下屬對話，能建立起信賴關係，進而強化彼此間的感情連結。

指導是個非常敏感的行為，不能隨時隨地輕易指導。舉例來說，下屬一大早剛進公司，主管就把他叫去罵了一頓，如此一來，下屬一整天都會陷入遭指導的低氣壓中。若非迫不得已，最好不要在一大早指導下屬。

我認為等到中午過後或傍晚再來指導較為妥當，畢竟指導者本人也還有重要的工作排程，無法專心指導。等到中午過後或傍晚，當天該做的工作已經完成到一定進度後，才能集中精神指導。

指導時不能兩手空空，一定要攜帶筆記本跟筆記工具。在進入**第1階段**（提出客觀的事實）時，邊看筆記本邊確認：「發生了這樣的事情，對吧？」會更有說服力。進入**第4階段**聆聽今後的對策時，除了用耳朵聽以外，把下屬說的話和討論結果記錄下來，也是相當重要的事情。

不僅如此，放在上司和下屬中間的紙也能起到緩衝作用，避免產生「正面對決」的緊張氣氛。把寫著問題的紙放在兩人中間，一起討論內容，這樣一來就不像下屬挨罵，而是有「兩人一起解決問題」的感覺。注意不要把椅子放在正對面，呈直角放置較能緩解緊張氣氛。

盡量別讓第三者聽到訓話內容。相信不用我多說大家也知道，指導時一定要找間會議室，或其他能夠兩人獨處的場所。

如大家所知，在對話式指導中，「讚美」的重要性與「指導」同等，甚至更勝一籌。

主管從平常就必須仔細觀察下屬，找出其長處，否則指導時將無從讚美起。這堪稱努力的結晶。我們經常自以為明察秋毫，其實根本沒注意到正確的事物，評價他人時亦是如此，人習慣將著眼點放在他人的缺點上，忽視其優點。

我在帶孩子時，也總是把注意力放在孩子做不好的地方，雖然孩子也有做得好的地方，但我卻鮮少留意到。若不刻意去看不必改善的優點，就永遠看不見。

當人餓到發慌時，若眼前有個缺損的甜甜圈，人會把目光放在甜甜圈本體上，但吃飽喝足後，卻只會看見甜甜圈缺損的部分。同樣道理，當我們想發掘下屬的長處時，也必須用心尋找才行。

「我的員工沒有值得誇獎的地方。」常有經營者或主管會如此抱怨。這些人只看見甜甜圈缺損的部分。不用心尋找，當然找不到值得誇獎的地方。只要努力尋找，肯定能找出下屬的優點。

日本公共廣告機構曾推出一個廣告，廣告裡的小學生把手指放在眼前，擺出一副「優點眼鏡」，藉此「探測身旁親友的優點」。我們在觀察共事者時，也必須戴上這副「優點眼鏡」。

Chapter 3

不能犯的錯誤指導

11 爛主管愛用的十一種訓人方式

本章將介紹必須避免的指導方式。請反省自己是否用過以下的訓人方式，這些方式全都百害無一利。

1 在他人面前開罵

在他人面前開罵，會使挨罵者的自尊心嚴重受創。指導的基本原則是選在不會被第三者聽到的地方，一對一指導。

2 片面斷定

用了「你很不認真」、「你每天都在偷懶」、「你不把會議放在眼裡」

等指導方式，皆是斷定下屬內在特質的片面斷定方式，最好不要使用。

3 拒絕藉口

有些人在下屬開口辯解時，會立刻用「你還想狡辯嗎？」來堵住他的嘴。不過，此舉反而會刺激下屬的反感情緒，如此一來，無論主管說什麼，下屬都聽不進去。

4 跟他人比較

「看看我們部門的〇〇，他比你晚進公司，績效卻比你好，這是怎麼一回事？」

「〇〇的年紀比你還小，但他非常認真。被他超前這麼多，你不覺得不甘心嗎？」

「你稍微跟〇〇學習一下吧！」

成為他人的比較對象，沒人會有好心情。指導時請不要用跟他人比較的

「相對評價」，而是要用「絕對評價」。

5 威脅

「下此再犯就要扣你的獎金了。」

「再這樣下去，你的評價會持續下降。」

「你知道我正在做裁員候補名單嗎？」

這類威脅語句會招人反感，甚至有可能會被舉發職場霸凌。

6 翻舊帳

「我記得你上個月也遲交。對了，你上個月還發生了這種事，上上個月還犯了那種錯誤。」

像這樣翻出舊帳一一斥責，顯得斤斤計較，而且對方根本記不住。一次指導一件事就好，想講多件事情時，最好多分幾次指導。

7 大聲怒吼，遣辭用句粗暴

主管使用這種指導方式，主要有兩大原因。

第一個原因是想利用憤怒的情緒來發洩壓力，第二個原因是以為厲聲斥責能讓下屬服從，就如同過去的自己。

然而，用嚴厲的話語責罵下屬時，他也許只會在當下表面服從，而且兩人間的信賴關係必定會產生裂痕，因此絕對不能採用這種指導方式。

8 故意冷嘲熱諷

「從大企業跳槽過來的人，可能會覺得這種工作很無聊啦。」

「（下屬犯錯後）你真的很會做事吔。」

這些說話方式都會傷害到下屬的心。

9 用開玩笑的語氣指導

「真是的，你上次不也遲到了？你也幫幫忙……」不知道是不是因為忍受不了罵人的緊張感，又或者想要大事化小，打算稍微唸一下就好，有些主管會用開玩笑的語氣指導下屬。我覺得這種指導方式很不妥當，一來不夠徹底，二來即使主管自認在訓人，下屬也可能不痛不癢。

我在第2章提過：「必須讓語言訊息跟非語言訊息維持一致。」開心談天時，想開玩笑或戲弄人都無所謂，但認真指導時，一定要營造出「我很嚴肅地要求你改善」的氣氛。若態度隨便，對方當然不會把你當一回事。

若沒到指導的程度，只是平常想輕輕提點時，用「你又遲到了嗎？這樣不行啦！」等輕鬆的語氣也沒關係。

若對方是稍微提醒就懂得立刻反省並修正行動的人，用這樣的語氣也沒有問題。若非如此，你就必須正經地好好指導一番。

本書介紹的指導方式是「似罵非罵」的對話式指導，不會營造出過於嚴肅的氣氛，但就算如此，**指導他人也絕對不是一件隨隨便便的事情**，沒辦法每天、每週都指導，可能好幾個月才能指導一次。希望大家在指導時，都能抱持著**認真一決勝負**的態度。

10 借酒壯膽後才指導

「今天要罵那名下屬，心情好沉重，約他去居酒屋，借酒壯膽後再開罵好了。」

也許有些主管會這麼想。

若你在三杯黃湯下肚後，依然能遵守本書介紹的指導方法，倒沒太大問題，但基本上還是要趁上班時間，在公司裡開罵才適當。

酒酣耳熱之際，確實有可能會更有勇氣開口罵人，這點我不否認。就像下屬想找你商量事情時，借助一點酒精的力量，有機會聽到下屬的真心話一樣。不過，我還是覺得邊喝酒邊罵人不太妥當。沒有真誠面對下屬的主管，恐怕得不到理想的指導效果。

若是在清醒狀態下罵完下屬後，跟他說：「走，我們去喝一杯吧！」那當然沒問題，但若從一開始就邊喝邊罵，下屬搞不好還會瞧不起主管，心想

「這個主管只敢在喝酒的時候罵人」。因此，無論如何還是不應該借助酒精的力量，而要做好認真面對下屬的心理準備。

11 透過第三者間接指導

當下屬做出明顯該被責罵的事情時，有些主管會視而不見，故意不指導下屬。逃過一劫的下屬也許會想「我真幸運」，偷偷吐舌扮鬼臉。不過，從長遠的角度來看，沒遭到指導是一件極其不幸的事情。

德蕾莎修女曾經說過：「愛的反面不是恨，而是漠不關心。」（雖然實際出處眾說紛紜）出於關心，才會指導。指導是為了幫助他人成長，緘默不語絕對不是為了對方好。

此外，明明有不罵不行的下屬，主管卻置之不理，將導致團隊士氣下降，因為其他認真工作的人會覺得「自己像笨蛋一樣」。

不僅如此，下屬還會在心裡嘲笑不罵人的主管，就算表面上對主管言聽計從，內心也會想「原來我們的主管不敢罵人啊」。這樣的職場恐陷入混亂又低迷的氣氛中。

即使沒有置之不理，也有很多主管用了過於軟性的指導方式，對下屬來說絲毫不痛不癢。

我有一名社長朋友經常說：「我不擅長罵人，所以我都間接指導。」這位社長口中的「間接指導」，就是用嘲諷的語氣罵人，或是對第三者抱怨本人，像是跟第三者說「鈴木真讓人頭大」等，這樣第三者就會向鈴木本人轉達：「前陣子社長抱怨過你喔！」

我建議他：「你乾脆直接跟本人說吧！」結果他回我：「我希望他能自己察覺。」

不過，這種指導方式已經完全稱不上「指導」了，甚至會造成反效果。其他員工會開始疑神疑鬼，懷疑「社長該不會也在背後說自己的壞話」，導致公司氣氛日漸陰鬱。

我還聽說有些人會「在眾人面前怒罵較容易指導的人，試圖得到殺雞儆猴的效果」。簡單來說就是找一個「替死鬼」，對他集中攻擊，讓其他人見狀後，反省自己「是否也犯了同樣的錯誤」。找好下手的人當替死鬼，是最不可取的指導方式。

還有一位社長會在每月一次的早會上警告：「這個部門的業績遲遲沒有提升，再這樣下去大家都別想領薪水喔！」連帶罵了整個部門的人，就算只是開玩笑，這種說法依然不可取。

體育教練罵人時可以一對多，但公司主管罵人時最好一對一，不然下屬就失去了辯解的機會，即使想改善行動，也不曉得該從何改善起。

◯ 爛主管喜歡「說教」

說教的人會覺得心情暢快，但被說教的人卻會感到極度厭惡。有義務指導他人的人，必須隨時留意自己有沒有對他人說教。

要怎樣才能避免不小心說起教來呢？必須傾聽對方的心聲，並站在對方的立場思考。

那些喜歡說教的人，我想應該都覺得自己高人一等吧！主管和下屬的階級確實有高低之分，但這些頭銜只不過是公司裡的職位罷了，不代表主管是比下屬還高貴的人類。

指導時必須特別留意，不能居高臨下，而是要站在與對方同樣的高度平等對話。

我們在罵孩子時，也會先蹲下來平視孩子的眼睛，再跟他說：「〇〇，爬圍牆很危險，你跟我約定過不會再爬的吧？」

指導下屬時也必須有同樣的心理準備才行。

「身為主管我必須對你講這些重話，但我們也是一起打拚的夥伴，你的努力我都看在眼裡。我希望你能繼續成長，我們一起來想辦法吧！」

做好心理準備後再來指導，應該就能避免不小心說起教來了。

大方承認自己也不會的事情

我妻子每次忘記關廁所的電燈時，我都會唸她：「妳的燈還開著。」但平常我更容易忘記關燈，所以她可能會嗆我：「你比較常忘記關吧！」

她心裡一定覺得：「我才不想被你這麼說咧！」

換成主管的立場，有時候**可能需要為了連自己沒有做到完美的事情指導他人**，此時主管可能會猶豫「自己是否有資格指導他人」。

我以前也覺得「主管必須百分之百完美」，不應該用自己做不到的事情要求別人。不過，身為主管，該罵的時候還是必須罵。

這時候，主管只能說：

「雖然我也做得不好，但還是希望大家一起努力，也認真做喔！」

「我也跟你一樣有很多不足之處，但我認為必須改進才行，你也一起努力吧！」

大方承認自己不完美的事實（前提是自己有比下屬做得稍微好一點）。

「一起」這個詞完全不會讓人有遭指導的感覺，下屬也較容易聽進去。

下屬間不和，該怎麼指導才對？

任何一個職場都會發生下屬爭執或派系鬥爭等人際問題。若因此影響到工作，主管必須斥責引發問題的當事者們。這比一般指導還來得困難，若下屬認為主管偏袒某一方，或只責罵某一方，下屬之間的關係可能會變得更加惡劣。

其實我也有過類似的經驗。跟我合作的公司的經營團隊中，有一對水火不容的兄弟，每次都在會議中吵起來。他們一吵起來就沒完沒了，只好由我負責仲裁。

此時的重點是**「客觀面對」**和**「可視化」**。

當他們在會議中吵起來時，我會詢問雙方的主張：「你剛才想說什麼？具體來說是怎樣呢？」這時候兩人許多情緒化的發言，我不會照單全收。「也就是說，你的想法是這樣對吧？」我會只擷取客觀的部分，把重點寫在白板上，一步步整理他們的想法。如此一來，我們就能客觀地面對問題，兩人也會逐漸冷靜下來。

大家長時間待在同個職場，發生衝突也在所難免，最有效的解決辦法是主管公平地聽取客觀事實及意見，將之可視化。

此方法適用於會議等公開場合，但事實上，絕大多數的衝突都是發生在主管看不到的地方。因此，就算其中一方主張「那個人在背地裡說我的壞話」，在沒有證據的情況下，主管也不能直接指導，必須先觀察雙方平時的狀態，再來思考解決對策。話雖如此，只要情況不是太嚴重，我認為人與人之間的摩擦，基本上都應該靜觀其變，畢竟這是**當事者雙方的問題**。

若我是雙方的主管，在他們沒有影響到旁人的前提下，我會採取放任態度，默默觀察，一旦發現工作受到影響，我才會開口指導。

為了在必要時期精準指導，主管從平常就必須仔細觀察下屬。

若發生「雙方不好好配合，導致交期延後三天」等情況，主管必須認真聆聽雙方的說詞，請他們自制，不要重蹈覆轍。

喜歡否認或推卸責任的人，可能會跟主管說：「錯不在我，發生這種事全都是對方的錯。」此時無論主管本人有任何想法，也必須先安靜聽完他的主張。

等到認真聽完對方的發言後，再客觀地區分出「確實如此」的贊同部分，以及「好像不太對」的否定部分。

「你說你拜託近藤先生做資料，但是都過十天了，他還沒給你，而且這種事情發生了兩次，沒錯吧？」

像這樣釐清事情經過，不偏袒某一方，只表示「我明白事情經過了」，然後用「我們再討論」來結束該次談話。

調解員工間的衝突時，也必須明確區分出客觀事實及主觀事實。儘管某人主張「近藤是個不守約定的人」，但近藤在其他場合或許會遵守約定，因此這並非客觀事實。主管只能把重點放在當下發生的事情上，也就是「某人拜託近藤做資料，近藤也答應了，但是拖了十天都還沒做好」以及「這種事已經發生兩次了」。

在主張想法的過程中，即使對方吐出「近藤先生老是愛抱怨」等攻擊性言論，主管也必須站在公正的立場認真聆聽。

非直屬下屬的指導方式

「其他部門的年輕員工做出了讓我覺得不妥的舉動，反正我不是他的直屬上司，放著不管應該沒差吧？」

「我雖然是前輩，但也才早幾個月進公司而已，跟比自己晚來的同事提意見，會不會破壞人際關係啊？」

大家也有可能會遇到這類不曉得要開口指導才好，還是直接無視為妙的狀況。其實不光在職場，以前有很多大人見到別人家的小孩搗蛋時，都會毫不客氣地直接開罵。雖然最近比較盛行「不對別人的家庭教育說三道四」的風氣，但仍有人認為「小孩子做錯事就應該糾正他」。實在很難判斷。

首先必須認清，**「提醒」跟「指導」是不一樣的。「指導」是直屬上司等指導責任者的任務，「提醒」則不受限制。**

假設剛畢業的年輕員工講電話時對客人不禮貌，或衣衫不整，最早發現的人應該立刻提醒他。若他把提醒當耳邊風，才需要正式指導。

要是我的話，會把事實傳達給他的直屬上司，告訴上司「發生了這樣的事情」，至於接下來要怎麼做，就由上司自行決定。

「你們部門的川上，座位離我很近，我常常能聽到他講電話。上星期我覺得他講電話的方式有些問題，提醒了他一下，但他完全沒有改善。」

說不定該名上司根本不曉得這件事，因此就算我心有不滿，我也不會直接跟他說：「你在搞什麼東西，自己的部下自己要教好。」在我傳達事實後，該名上司肯定會採取某些行動。若過了一陣子上司依然毫無動靜，我會再次提醒他。

我：「前陣子我跟你提了川上的事情，結果你好像沒有任何動作吔？」

川上的上司：「唉唷，我不好罵他，抱歉啦。」

我：「但是這樣對客人很不禮貌，總要想辦法解決吧？」

雖然還要視提醒內容的緊急程度而定，但話都說到這分兒上了，繼續糾纏下去似乎有點過度干涉。

人人都能直接「提醒」，但「指導」要交給直屬上司。這是基本原則。

Chapter 4

對不同類型下屬，採不同指導法

依照下屬的類型用不同的指導方式

讀到這裡的人應該都已經發現了，本書介紹的指導方式是任何人都能使用的普遍原則。只要學會基本原理，就能應用在各種情況。

但實際上，指導對象有多種不同的類型，若下屬很有個性，讓你無從判斷，就必須特別下工夫。

本章將常見的下屬類型分成A～C三大類，介紹各類型應留意的重點。原則上指導時還是要依照本書前半段介紹的【指導腳本】，但面對各種類型的下屬時，需要特別加強的部分都不同，若能適時調整應對方式，可望提升指導成效。

A大類　防衛心超重，很難接受他人意見

A大類有自己的想法跟堅持，屬於自我防衛意識極強的類型。自我防衛意識過度強烈，就算只是被指出斥責的原因，心中也會產生抗拒。

如前所述，我推薦的指導方式是先提示客觀的事實，例如：「某月某日，發生了怎樣的事情」等（**第1階段**）。不過，A大類的人就連事實本身也不願意承認，連主管的話都還沒聽完就急著反駁，或惱羞成怒。

此類型常見於執著過去的經驗，認為「以前都是這樣」的資深員工，以及認為「我的工作範圍就是這樣，其他都不關我的事」，把自己跟他人區隔得很清楚的人。也可以說是不願意妥協自身做事方式的頑固者。

指導Ａ大類的下屬時，應重視【指導腳本】的**第1階段**（提出客觀的事實）到**第3階段**（傾聽對方的想法）。這類型的下屬不願意接受客觀事實，主管必須在此部分特別下工夫。

第2階段（傳達要求或期望）主要是由主管發言，等到**第3階段**才傾聽下屬的想法，但若下屬在**第2階段**就急著反駁，指導腳本恐怕無法順利進行下去。此時應重新回歸**第1階段**，再進入**第2階段**。

面對Ａ大類的下屬時，不能斥責其頑固的態度，而是要詢問對方「有什麼想法」，釋出主動拉近距離的態度。

「請告訴我你重視的地方，還有你的煩惱，這樣才有機會找出能同時滿足雙方要求的方法。」

「一起尋找解決之道，追求雙贏吧！」

此時的重點在於主管必須提出類似的建議。

適用於A大類

指導腳本（重視第1～3階段）

事前階段 準備與營造氣氛：「一直都很感謝你。」

第1階段 指出客觀的事實：「發生了這樣的事情。」

第2階段 提出要求與期望：「我是這樣想的。」

第3階段 傾聽對方的想法：「你是怎麼想的呢？」

第4階段 讓他思考解決方案：「你接下來要怎麼做？」

第5階段 從旁支援：「我能幫你什麼？」

事後階段 感謝與鼓勵：「今天謝謝你，加油。」

A-1型 被訓後馬上頂嘴回嗆、發飆的下屬

我把會馬上頂嘴或發飆的人歸類為A-1型。

此類型下屬具備一定水準的工作能力，以及敏銳的觀察力。有時會因責任感強烈而堅持己見，請主管務必諒解。

遭到下屬反駁時，主管應該要全面接受對方的主張，積極回應：「是這樣啊。」或「原來如此，是我搞錯了嗎？」

A 大類　不接受他人的意見

A-1 型．頂嘴、發飆

A-2 型．不願改變自身想法

A-3 型．被過去經驗束縛

A-4 型．只做分內工作

下屬：「我拜託過佐藤先生了。」
主管：「我知道了，你拜託過佐藤先生。」

像這樣複誦對方的發言，更容易讓A-1型的人敞開心胸。「原來如此，你拜託過佐藤先生，結果他沒有做。」找出對方話中的重點，運用傾聽技巧認真聽他說話。

專心聆聽下屬的反駁，就算他一時被情緒沖昏頭，說話失了分寸，通常也能自行察覺「剛才講得太超過了」。只要主管能全面包容，下屬的情緒就會緩和下來。

此時主管可以跟下屬說「這件事我們待會兒再談」，把自己的指導重點跟對方的反駁劃清界線。

假設下屬抱怨「是佐藤先生的錯」或「主管的指示太難懂」等，主管大可承認：「看來是我的說法不妥，嗯嗯，原來如此。」接著再指出重點：「但現在的問題不是這個，而是怎麼做才能避免重蹈覆轍。至於這點我們之後再慢慢討論。」

A-2型 不願改變想法的頑固下屬

如專業匠人般，頑固、不肯改變自身想法的人，我將之稱為A-2型。

此類型的人對工作相當講究，不吝於付出勞力，一心一意提升工作的完成度，這種從一而終的態度值得讚賞。遇到必須要求其改變做法的情況時，得先清楚說明原因，專心傾聽其堅持，一起思考能讓他或她打從心底認同的做法。

主管：「山田先生，估價果然要小心謹慎才行呢。」

下屬：「沒錯。」

主管：「這點果然不能退讓。你覺得什麼才是最重要的？」

下屬：「我覺得是價格的準確性，太高或太低都會對顧客造成困擾，稍有不慎還會導致顧客滿意度下降。」

主管：「原來如此，我明白了。但明天就是規定的交期了，**我**希望你能在今天下午前完成。每項案件在實際執行後，都會冒出更多的不確定因素，過去的案件也幾乎都重新估價過，但畢竟你有你的堅持，那你打算怎麼做，才能趕上交期呢？」

像這樣順勢切入問題，可望展開具建設性的討論。

A-3型 被過去經驗束縛的下屬

「以前都是這樣做的。」被過去經驗束縛的A-3型下屬，通常資歷較深，年紀也比主管還大，因此，主管必須展現出尊重的態度。

此類型下屬，通常具備一定的實績或專業知識，主管應先從這方面給予肯定。

「每次大家一有不懂的地方，松本先生就會立刻出馬，真的幫了大忙。」

「松本先生經常幫我監督大家的工作狀況，我覺得很放心。」

在進入正題前，先感謝對方平時對職場的貢獻，接著再針對「希望他下次改善的地方」告訴他新方法和必要性，請他確實理解。

儘管做事方法稍有變化，仍希望對方能活用過去的經驗，為職場盡一分力，拜託他繼續協助自己，帶動職場氣氛。

「松本先生的經驗非常寶貴，我想加入一些自己的新方法，希望你能多給我建議。」

像這樣想辦法拉攏他的心。

A-4型 堅持只做分內工作的下屬

「我的工作只有這些。」堅守自己的工作範圍，不願意增加工作量的人，即屬於此類型。拜託此類型下屬多做事時，極有可能會遭到拒絕。然而，為了幫助下屬本人累積工作經驗，順應公司的方針變動，主管不能讓下屬固定做同樣的工作。

面對這類型的下屬時，應先稱讚他對分內工作的貢獻。

「佐佐木先生輸入的顧客資料很正確，每次都幫了大忙。」

先針對能安心託付分內工作這件事表示感謝。

「你很能幹，希望你能接觸更多不同的工作。」告訴對方自己的期待，聽取對方的意見。

這類型的人應該會覺得：「既然我的分內工作都做得這麼完美了，當然不想增加工作量。」每個人抗拒新工作的原因都不同，或許是對自己的能力沒信心，也或許是不想壓縮到自己的休閒時間。當人想迴避問題時，可能不會給出明確的理由，但主管還是得姑且問一下。

指導A-4型下屬時，必須一同尋找「解答」。主管應展現出願意幫下屬解決煩惱的態度，一起思考能讓他接受自身主張的方法。

當然，若對方是派遣員工，有明確規定的工作範圍，自然不能強迫對方多做事。不過，有些派遣員工自認的工作範圍，其實比合約規定的範圍還小，這時候主管可以跟他說：「謝謝你做了這麼多，但合約規定的工作範圍其實是更大的，如果有誤會希望你能明白。但就算擴大工作範圍，應該也難不倒你啦！」

這樣講就沒問題了。

B大類　乖乖聽，但不改善

Ｂ大類的人遭到指責時不會急著反駁，有些人還會表現出反省的態度，但往往不會付諸行動。面對這類型的下屬時，應特別重視【指導腳本】的第**3階段**（傾聽對方的想法）和第**4階段**（讓他思考解決方案）。

適用於B大類　指導腳本（重視第3～4階段）

事前階段　準備與營造氣氛：「一直都很感謝你。」

第1階段　指出客觀的事實：「發生了這樣的事情。」

第2階段　提出要求與期望：「我是這樣想的。」

第3階段　**傾聽對方的想法：「你是怎麼想的呢？」**

第4階段　**讓他思考解決方案：「你接下來要怎麼做？」**

第5階段　從旁支援：「我能幫你什麼？」

事後階段　感謝與鼓勵：「今天謝謝你，加油。」

B 大類　會聽但不會改

B-1 型．只會說好聽話

B-2 型．工作有交差就好

B-3 型．沒動力的老屁股

B-1型 只會嘴上說好聽話的下屬

遭到指導時會立刻認錯，表現出反省的態度，但之後完全沒付諸行動的類型。換句話說就是只會說好聽話的人。

此類型常見於個性開朗、身段柔軟的人。他們並非故意不改善，也許是因為沒感受到指導的嚴重性，所以才維持原樣。

當主管詢問下屬：「對這件事有什麼想法」時，下屬可能會馬上道歉說「是我的錯」、「真的很對不起」，試圖盡快結束對話。但主管絕對不能就此罷休，一定要進一步追問：「那是怎麼一回事呢？」仔細聆聽對方的想法，最後自行做出結論。

例如：

「也就是說，你不小心忘記打電話給客戶了？」

「也就是說，你之前的做法是錯誤的？」

像這樣反覆確認，得到對方的認同後，再進入第4階段（讓他思考解決方案）。

讓此類型下屬思考解決方案時，下屬會老實地跟主管保證「下次絕對不會忘記打電話」。若主管聽到這句話就放心結束指導，下屬依然不會付諸行動。因此，主管絕對不能輕易結束指導，而是要**利用5W1H的分析法，把下屬想出的解決方案變得更加具體**。此時應特別留意的是，語氣絕對不能咄咄逼人。

主管：「好，你說你會打電話，那你要什麼時候打？（「打給誰？」「要說什麼？」）

當下屬說「明天會再打一次電話」時，主管可以進一步確認「明天的幾點要打」。

下屬：「明天十點打。」

主管：「如果負責人高橋先生十點不在位子上的話，你要怎麼做呢？」

下屬：「我會請山下組長代為轉達。」

主管：「請山下組長代為轉達是不錯的方法，那你要怎麼跟他說呢？」

下屬：「我會跟他說，我們請你們製作的產品樣式有變動，想再一起討論一次。」

主管：「嗯，這樣很好，你能做到吧？」

下屬：「是的。」

主管：「那你打完電話記得通知我一聲喔！」

像這樣具體詢問，讓下屬親口保證會確實做到。最好把下屬說過的話記錄下來，留下能讓雙方眼見為憑的證據。

促使人行動本來就不容易，面對這類型的人難免會更加棘手。

第1章曾提過，促使人行動的方法有兩種，分別是「喜悅管理」和「痛苦管理」。無論是哪種方法，最重要的都是讓人對行動本身有何時、何地、做何事、如何做的具體想法，以及想像該行動帶來的結果。

可以讓人想像美好的未來，也可以讓人想像悲傷、難過等痛苦的未來。若能採用喜悅管理，那當然再好不過，但無論如何，當人對行動結果有鮮明的印象時，主動出擊的機率就會大幅增加。順帶一提，面對A大類的人時，不需要講得如此深入，因為他們只要能改變既定想法，就必定會付諸行動了。

已經耳提面命到如此地步了，若隔天下屬依然沒打電話，主管該怎麼做才好呢？此時應該要重複一次昨天的對話。

「我昨天已經跟你談過了，你答應過我今天會打電話的吧？結果你卻沒打，這是為什麼呢？」

「你總是笑口常開，我本來還期待你會笑著遵守約定，結果你卻爽約第三次了。要是你再犯，我接下來就得用更嚴厲的態度面對你，這樣真的好嗎？」

為了在此時證明「已經講第〇次了」，每次對話都必須留下紀錄。

B-2型 有交差就好的下屬

雖然會做好分內工作，卻總是刻意迴避設定主題、挑戰課題等困難工作的人，即屬於B-2型。這類型的人只挑簡單的工作做，乍看之下工作效率極佳，給人精明幹練的印象，其實工作品質可能未達指示標準。

指導這類型的下屬時，應於事前階段（準備與營造氣氛）強調對此人的認同。

例如：「你每次都把要給營業店的每月聯絡報告做得很好，我很佩服你」等等。

接著進入**第1階段**，提出客觀事實。

「這次跟之前不太一樣喔，這次是特別企劃，下指示時必須說清楚企劃的含意和目的，但是你沒做到。」

此時不能講得太抽象，而是要提出具體的做法。

「這裡沒放廣告有點可惜。」

「我本來還期待你能夠兼顧效率跟品質的。」

主管必須像這樣具體描述出理想目標。

話雖如此，B-2型的人並不擅長需要勇於嘗試的工作，因為他們不會深入思考「怎樣才能做好」，面對零經驗的工作或高難度挑戰時，腦中無法浮現出具體行動方針，自然無法付諸實行。

因此，就算主管想等下屬主動行動，也往往等不到進展。此時主管不妨一同思考「怎樣才能做得好」。

主管：「要怎樣才能明確傳達企劃目的呢？」

下屬：「我想想……對了，我去翻翻看以前的企劃會議提案，看有沒有簡單好懂的資料好了。」

就像這樣，當下屬腦中浮現出具體的行動方針後，自然能維持一定的執行效率。不過，若主管沒有從旁協助，下屬恐無法憑一己之力冒出想法。

因此，進入**第4階段**後，若下屬遲遲想不出解決方案，主管不妨提供意見，詢問下屬「這樣做如何呢？」但注意不要從一開始就亮出底牌，而是要逐步提供意見，想辦法成立對話，透過對話將行動方針植入下屬的腦中。

B-3型 沒有動力的老屁股

在放棄升遷的資深員工中，總會有喪失動力的人。這些人在遭到指導時，表面上會乖乖認錯，但畢竟毫無野心，因此不會改變自己的行動。

面對這類型的下屬時，應先認同其長年累積的經驗和知識，再提出具體的改善要求，例如：「這方面希望你能這樣做」等，並詢問他「有無任何意見或想法」。

此時只要下屬表現出一絲興趣，回答：「我會這麼做。」

主管就必須釋出誠意，進一步展開話題：

「這是什麼意思呢？」

「原來如此，要這樣做啊！」

此類型下屬往往長期遭到冷落，若提案獲得採用，必定會卯足全力，因此，最好讓下屬本人參與改善計畫。縱使是主管本人提出的建議，歸功於下屬又何嘗不可。

雖然話題有點偏了，但我認為**主管的職責就是把自己的想法當成下屬的成果，把功勞拱手讓給下屬**。自己提案三成、對方提案七成時本該如此，就算是自己提案七成、對方提案三成時，也應該要誇獎對方「你的想法真不錯」，這才是懂得提攜下屬的主管。

C大類　散發負能量

主管很難預測C大類下屬遭指導後的反應。有些人會開始散發負能量，沉默不語、表現出「反正都是我的錯」的鬧彆扭態度或開始啜泣。面對A大類下屬時應特別重視【指導腳本】的前半段；面對B大類應特別重視後半段；面對C大類則必須依照實際狀況調整應重視的部分。

適用於C大類

指導腳本（重視第1～4階段）

事前階段 準備與營造氣氛：「一直都很感謝你。」

第1階段 指出客觀的事實：「發生了這樣的事情。」

第2階段 提出要求與期望：「我是這樣想的。」

第3階段 傾聽對方的想法：「你是怎麼想的呢？」

第4階段 讓他思考解決方案：「你接下來要怎麼做？」

第5階段 從旁支援：「我能幫你什麼？」

事後階段 感謝與鼓勵：「今天謝謝你，加油。」

C-1型 玻璃心的下屬

一罵就哭的人即屬於此類型。老實說，我也曾把女性下屬弄哭過。記得那天已經加班了一、兩個小時，我從她做好的資料中指出各種問題，跟她說：「明天就要交了，加油。」並請她重做後，她突然哭了起來。

其實我已經請她重做三次了，還跟她說：「剛才我已經請妳這麼做了，妳怎麼還是沒改？」她也許是不知所措了，當時她只有二十三歲。

C 大類　會有負面反應

C-1 型．開始啜泣

C-2 型．討價還價

C-3 型．沉默不語

C-4 型．推卸責任、找藉口

我完全沒有要責備她之意，或許是語氣太咄咄逼人。我只不過是指出技術層面的問題，記得我還慌張地問她：「妳為什麼要哭？沒必要哭吧？」

成年人在職場上流淚，絕對不是值得讚許的事情，但**出現哭泣反應，代表遭指導的事實對他來說是個沉重的打擊**，雙方也因此有機會好好對話。

此時最重要的是，即使下屬哭了起來，主管也不能動搖，不能急著結束指導。發現下屬開始哭泣時，主管可以先暫停指導。此時下屬正處於情緒激動的狀態，聽不進主管的話，必須先等他冷靜下來。

也許下屬一哭你就會開始慌張，忍不住想道歉：「我說得太過分了，對不起。」但其實你沒必要道歉，只要冷靜接受「下屬哭了」的狀況就好了。

跟下屬說：「我等你一下。」沉默一、兩分鐘，等他冷靜下來擦乾眼淚後，再繼續未完的話題：「關於剛才那件事……」依照指導腳本讚美對方的優點，提出客觀事實，傳達我方的要求和期望後，傾聽對方的意見。

只不過，面對此類型的下屬時，主管必須極力認同下屬說的話。

「哦，是這樣啊，原來你做了這麼多。」

「你不是完全沒改，你有改了這部分。」

「喔喔，原來你是因為這樣才寫了這些啊。原來如此。可能是我沒說清楚，害你誤會了，我想講的不是這件事，而是那件事喔！」

必須像這樣講出認同對方的話。

「在公司流淚太不成體統了，以後別再哭了。」主管不必針對下屬哭泣這件事指責，畢竟再怎麼責罵也於事無補。認真傾聽下屬的心聲，下屬自然會明白「不能輕易流淚」。

若下屬明顯想「用眼淚逃避」、博取同情，主管倒是可以斥責，但我想應該沒人會刻意為之。

此外，若下屬遭責罵時會過度責備自己，認定「都是自己的錯」，表現出悲觀反應，原則上主管必須從下屬的內在特質開始肯定起。此時能發揮效果的是**名為「重新框架」的反向思考法**。

舉例來說，悲觀也許是缺點，但反過來想，這也代表此人懂得先謹慎思考後才行動。像這樣重新框架，應該會更容易認同下屬好的一面。

不僅如此，主管還能重新框架下屬眼中的悲觀現實，提醒他「還能從其他角度切入」。

因此，與此類型的下屬對話時，若下屬抱持著負面意見，主管應該先認同他提出的事實，再重新框架他的悲觀想法，並告訴他：

「你說這次出問題是因為你不小心犯錯，但客戶也說了，他們應該要表達清楚一點才對。前任負責人沒有留備份也是原因之一，不完全是你的錯，你只是在應對方面出了一點差錯而已。」

「不，你準備得很迅速，真的幫了大忙，這次出問題只是因為你沒有打電話確認而已，客戶也說有感受到你的誠意，瞭解了你認真的性格。考慮到後續的合作事宜，這樣說不定更好喔！」

像這樣提出樂觀的看法。

以前面的例子來說，若主管將稍微粗心、做事速度快但容易漏東漏西的下屬重新框架，即能把「粗心」替換成「速度快」。將問題重新解釋成「考慮到未來反而更好」，也是利用了重新框架。

指導此類型的下屬時，會在**第4階段**的「讓他思考解決方案」遇到難關。因為**他認為「全是自己的錯」，全盤否定自己，放棄思考，所以很難想出解決方案**。

因此，主管必須把重心放在下屬的行動或結果等外在重點上，將話題導向更具建設性的方向，討論今後該如何採取理想的行動。

「為什麼那時候沒有打電話呢？一起來想想要怎樣你才會記得打。」

主管的立場並非挑起對立，而是「我是為了幫助你才坐在你旁邊的喔！」、「一起來尋找能實現你願望的方向吧！」

只要耐心進行對話，下屬絕對會說出正面發言。指導也是一段透過對話瞭解彼此的過程。

C-2型 討價還價的下屬

進入【指導腳本】的**第5階段**（從旁協助）時，主管會問下屬：「有沒有能幫上忙的地方？」有些下屬會趁機提出交換條件。

「你今天說的事情我會做，但我無法同時做前陣子接到的案件，請更換負責人。」

當下屬提出諸如此類的要求時，若主管判斷後認為確實有必要，不妨照著下屬的意思去做。不過，若下屬是把調整工作內容當成修正此次錯誤的交換條件，在組織裡是不被允許的事情。

當下屬提出這類交換條件時，主管必須直截了當地拒絕。

「這樣不行，每個人的工作都是我經過謹慎考慮後安排的，若你真的忙不過來，我會請人協助你，或是調整工作行程，目前狀況如何？」

主管必須像這樣進一步詢問。

C-3型 悶不吭聲、面無表情的下屬

不管說什麼都毫無反應、悶不吭聲、不曉得心裡在想什麼、讓人越罵越不安的類型。這些人可能正在認真思考指導內容，或正在糾結某些小地方。

此類型下屬通常能留意到許多小細節，指導時應稍微拉長事前階段：「準備與營造氣氛」的時間，誇獎他「真的很細心」，並以此為突破口展開對話。

「你的報告寫得很好，連小細節都會仔細查證。」

暫時拋開指導，多一些溝通，建立起「對話模式」。

「你竟然能做得這麼仔細，真厲害，你是怎麼做的啊？」

這種問法不會讓下屬覺得被冒犯，所以他應該會回應：

「我是調查過去訂單數量的變化後，算出每個月的平均數量。」

可以讓這個話題持續稍微久一點，等下屬的態度軟化後，再進入第1階段（提出客觀事實）。提出事實時不要太直截了當，而是要用委婉的方式說出口。

「我想問你一件事，希望你能回答我，上個月你沒有跟我報告工程延誤的事情吧？」

若下屬突然陷入沉默：

「你要慢慢想嗎？沒關係，慢慢想就好，想到什麼再跟我說。」

補上這句話就能讓他安心。

跟此類型下屬順利對話的關鍵，在於事前階段（準備與營造氣氛）是否做足。匆匆說幾句客套話，還沒等下屬敞開心胸，就冷不防地進入指導模式，下屬恐怕會一言不發。指導此類型下屬的重點在於，從平常就要仔細觀察對方的優點，將之運用在對話中。

C-4型 推卸責任、愛找藉口的下屬

有些下屬挨罵後不會道歉，而是會馬上找藉口，例如：「因為伊藤先生把資料放錯地方了。」

「你好有精神啊！每天早上聽到你跟我打招呼，我都覺得整間公司朝氣蓬勃了起來。」指導此類型的下屬時，必須先像這樣肯定下屬平常的舉動。從日常生活中仔細觀察，必定能找到他的優點，先記起來備用吧！

在依照【指導腳本】前進的過程中，下屬會開始找藉口或推卸責任，此時主管不能急著否定，不要反駁他：「不是這樣吧？」、「伊藤先生說他沒有放錯地方吔？」、「你在推卸責任嗎？」等。即使主管不認同下屬的發言，依然要接受下屬的真心話。

「哦，你是這麼想的啊。」

「原來如此，你覺得是伊藤先生的錯。」

像這樣理解對方的想法後，用 I message 表達自己的想法。

「但**我覺得**是你忘記要交資料的吔，你說呢？」

或是重複對方的發言，一步步確認事實。

「是這樣啊，影印機沒紙了，所以你沒辦法影印。」

當下屬開始推卸責任時，只要反覆與他對話，肯定能找出破綻。不過，這畢竟不是警察審問犯人，說話還是要注意分寸，不要太咄咄逼人。

絕對不能說：

「什麼嘛，說來說去還不是你的錯。」

而是要說：

「這是個很複雜的問題，要怎樣才能順利解決呢？你負起責任好好思考，說不定能得到更有建設性的成果喔！」

試著暗示下屬這是他本人的問題。

若下屬仍不承認是自己的責任，主管可以提出假定問題，讓他思考改善對策。

「就算我待會兒去跟伊藤先生講，好像也於事無補，如果你有什麼能避免問題再次發生的改善對策，能跟我分享嗎？」

「雖然伊藤先生亂放資料是個問題，但若你有想到什麼改善方法的話，能跟我分享嗎？」

「我會再提醒伊藤先生，如果你有其他能避免重蹈覆轍的方法的話，能跟我分享嗎？」

改用類似這樣的說話方式，就不必斷定誰對誰錯（這種「如果……的話」的詢問方式，稱為「假設框架」）。若突然丟出假定問題，對方可能會質疑「主管不相信自己說的話」。為了避免如此，主管必須先認真聽完下屬的想法，讓下屬做好藉口可能會遭到戳破的心理準備。

不管是多麼自私的藉口，只要好好傾聽，就能淨空下屬心中的水杯，讓他騰出更多空間接受你的建言。

專欄 Column

遇到講也講不聽的下屬時，該怎麼做？

這是一個經營者朋友跟我分享的，關於某間加油站的故事。

有名員工在試用期時非常認真，正式錄取後卻開始偷懶，不管告誡多少次，他依然故我，甚至到了不得不把他炒魷魚的地步。事後才知道，這名員工壓根兒沒打算認真工作，只想打混領薪水而已。

雖然這是個罕見的惡質例子，但有些人確實經常屢勸不聽，遇到時總讓人相當頭大，此時主管基本上能做以下三件事情：

1 放棄指導，輕鬆相處。

2 不厭其煩地繼續指導。

3 加強指導的強度。

在多數情況下，主管會採取第3種方法。依照對方的狀態，調整指導步調，慢慢改變說話方式，逐漸加強指導強度。但此時不能光用嚴厲的語氣斥責，而是要改變提問的角度。

「如果你是我，你會怎麼想？」

有些人至此依然無動於衷，逼得主管不得不考慮將他解僱。不過，礙於現行日本法律的規定，解僱正職員工是一件非常困難的事情，所以主管還是得不厭其煩地跟對方溝通。

要是我的話，我會問他：

「我已經跟你講過好多次了，你還是沒有改進，要怎樣你才會改呢？」

「我本來還期待你會有所長進，看來很難有那一天了。不過，你這麼做會對其他人造成不好的影響，勸你改掉比較好，這點希望你能配合。若你還是辦不到，我也只能嚴格地評價你了。」

我想我應該會這麼說。

Chapter 5

適合各種情境的指導

依照下屬的問題行動和狀況，改用不同的指導方法

接著來介紹具體的指導方法，能配合下屬各種問題行動狀況來調整。

下屬的問題行動可能包括「工作不得要領」、「沒有挑戰精神」等讓主管越看越著急的問題。

之所以會越看越著急，也許是因為身為主管的你，正在用自己的標準檢視下屬，誤以為「自己覺得輕而易舉的事情，對下屬來說也是小菜一碟」。

不過，當你跟下屬同樣年紀時，你是怎樣的員工呢？若當年遇到相同的狀況，你會有怎樣的表現呢？搞不好跟下屬半斤八兩呢！像這樣換位思考，也許就能用更長遠的眼光面對下屬了。

這裡再重新整理一次指導的基本原則。

指導腳本

事前階段 準備與營造氣氛：「一直都很感謝你。」

第1階段 指出客觀的事實：「發生了這樣的事情。」

第2階段 提出要求與期望：「我是這樣想的。」

第3階段 傾聽對方的想法：「你是怎麼想的呢？」

第4階段 讓他思考解決方案：「你接下來要怎麼做？」

第5階段　從旁支援：「我能幫你什麼？」

事後階段　感謝與鼓勵：「今天謝謝你，加油。」

熟悉指導腳本的基本原則，即能配合實際狀況和對象靈活運用。從下頁起，我會介紹幾個情境給大家參考。

情境1 當下屬的基本態度很糟糕時

情境1是下屬沒做到社會人士該有的基本動作。指導對象通常是新進員工等年輕人。

- 不打招呼、不會打招呼、聲音太小
- 遲到（出勤時間、開會時間）
- 忽視報告、聯絡、討論
- 不會整理、整頓
- 工作時間頻繁離席
- 工作時間經常玩手機

當下屬發生此類情形時，主管必須在第一時間予以糾正，否則日後吃苦頭的還是下屬本人。

具體的事例與指導法

不打招呼、打招呼沒精神

事前階段 **準備與營造氣氛**

主管　：「A，辛苦你了。你已經進公司半年了，現在還好嗎？工作習慣了嗎？」

下屬A：「沒問題，還行。」

主管　：「那就好，只是我最近發現一件事，想跟你談談。」

第1階段 指出客觀的事實

主管：「我這星期發現，你早上打招呼的時候，好像都無精打采的。還有應該是昨天吧？你出外勤回來後，連一聲招呼也沒打，記得你上星期四也是這樣。你剛進公司的時候明明很有精神的啊！」

第2階段 提出要求與期望

主管：「你還記得我平常都要求大家怎麼打招呼嗎？」

下屬A：「我記得是希望大家大聲打招呼……」

主管：「沒錯，我希望大家都能精神抖擻地大聲打招呼。以前你做得很好，我聽了也很開心，現在實在太可惜了。話說回來，你知道好好打招呼的目的是什麼嗎？」

下屬A：「大家有良好的溝通，工作起來也會更順利……應該吧。」

主管　：「沒錯，良好溝通的第一步就是打招呼。你明明都懂啊！」

第3階段　傾聽對方的想法

主管　：「對於最近沒好好打招呼這件事，你有什麼想法嗎？你之前明明做得很好，是發生什麼事了嗎？」

下屬A：「沒什麼……只是單純忘記而已……況且前輩們也沒有好好打招呼啊！」

主管　：「原來如此。你在融入職場後，變得有點鬆懈，再加上前輩們沒做好榜樣，你就有樣學樣了。」

下屬A：「長井先生跟米澤先生也都沒有打招呼啊！」

主管　：「確實沒人能做到百分之百，大家難免會趁機偷懶，我自己也不例外，但我還是希望能做到完美。」

在**第3階段**傾聽下屬的想法時，必須找出下屬忽視基本動作的原因。若下屬是因為不理解基本動作的重要性，而輕忽基本動作，主管有必要重新說明清楚。若下屬明白基本動作的重要性，卻沒乖乖照做，可能有以下幾種原因。

- 心裡明白基本動作的必要性，但在養成習慣前，剛好遇到突發狀況，因而忽略了基本動作。
- 前輩們都沒有做好基本動作，覺得只有自己乖乖照做很愚蠢。

接著必須讓下屬打從心底願意做好基本動作。

主管　：「你不覺得在一個大家都會好好打招呼的職場，工作起來比較舒適嗎？」

下屬A：「是這麼說沒錯啦。」

若該下屬是新人，主管甚至可以請他成為職場的模範。

主管：「我想創造出這種理想職場。對了，你要不要成為大家的好榜樣呢？」

第4階段 讓他思考解決方案

主管：「先別管其他人如何，你覺得要怎樣才能避免不小心忘記打招呼呢？」（盡量讓下屬思考，適時給予建議。）

下屬A：「星野先生和天野先生每天都會好好打招呼，我可以跟他們學習之類的……」

主管：「嗯，很好。還有其他方法嗎？」

下屬A：「平常在家時也跟家人或鄰居好好打招呼，久了應該就會習慣成自然了。」

主管：「嗯，差不多就這樣了。都說這麼多了，你應該不會再忘記了吧？」（期待）

第5階段 從旁支援

主管：「有什麼我能幫你的嗎？對了，今後如果我們有人忘記打招呼，就互相提醒對方，你覺得如何？我們一起來努力。」

事後階段 感謝與鼓勵

主管：「今天謝謝你，可以跟你一起帶領職場進步，我覺得很開心，接下來就拜託你嘍！」

重點是主管平時就必須提醒下屬基本動作的重要性、背後意義及目的，指導的內容必須是職場上的規範才行。

情境2 當下屬重複犯基本錯誤時

當下屬犯太多簡單的錯誤，並且一犯再犯時，主管也必須開口指導。例如下屬常犯以下的錯誤時：

- 弄錯傳真號碼，把資料誤傳給別間公司
- 將電子郵件發送到錯誤的信箱
- 資料裡有大量的計算錯誤
- 弄錯文件的裝訂方式（有些頁數上下相反或背面朝上）
- 送出的附件資料不完整

有些人並非故意出包，只是天生容易慌張，但這些行為已經對公司造成困擾，必須請他改善。

然而，與生俱來的性格即使遭到指導，也不可能輕易改變。可以請下屬思考避免犯錯的替代方案。主管應站在「幫助下屬思考不再犯錯的方法」的立場，畢竟下屬本人肯定也不願意一錯再錯，給他大方向並不是件難事。

具體的事例與指導法

當下屬搞錯傳真對象時

事前階段 準備與營造氣氛

主管：「B先生，我能稍微跟你談一下嗎？謝謝你每天都認真工作。」

第1階段　指出客觀的事實

主管：「○○公司說他們等老半天等不到傳真，結果好像是你弄錯傳真號碼，把傳真發到其他部門去了。記得三個月前也發生過類似的事情，那時候我也找你單獨談過。」

傳達事實後，靜待對方的反應。下屬可能會遭到打擊，先給他一點時間，等他慢慢接受。若他一副不以為意的樣子，則進入下個階段，嚴肅地告誡他公司會受到的影響。

第2階段　提出要求與期望

主管：「你知道這會對公司造成多大的影響嗎？○○公司的人沒收到傳真，不但沒辦法開始做事，還得浪費更多勞力打電話來我們公司確認。不仔細檢查每個小細節，就會發生這種問題。B先生辦事效率那麼好，我希望你在這方面也能萬無一失。這次我很失望。」

第3階段　傾聽對方的想法

主管　：「關於這次的事情，你有什麼想法嗎？」

下屬B：「犯這種小錯誤，我覺得很丟臉。而且已經不是第一次了，真的覺得自己很沒出息。」

主管　：「嗯，我知道你在認真反省了。很不好受吧。」

傾聽下屬的想法時，下屬可能會覺得自己很丟臉或沒出息，此時主管絕對不要落井下石，而是要正面接受他的心情。

第4階段　讓他思考解決方案

主管　：「我相信你以後會更小心謹慎，但光有氣勢是不夠的，你覺得要怎樣才能避免事情再次發生呢？」

下屬B：「發傳真前我會先抄寫傳真號碼，把數字寫大一點，邊核對邊發傳真。我之前都只對照名片上的小字而已，所以比較容易出錯。」（下屬思考解決對策，主管從旁協助。）

主管　：「這主意真不錯，就這麼辦吧！真不愧是B，下決定的速度很快呢！」

第5階段　從旁支援

主管　：「我能幫上什麼忙嗎？沒問題嗎？好。」

事後階段 感謝與鼓勵

主管：「那就拜託你啦。我可以期待一下吧？加油喔！」

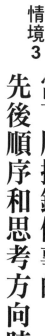

情境3 當下屬搞錯做事的先後順序和思考方向時

當下屬搞錯做事的先後順序、方法、思考方向，導致犯錯的情況。也包含下屬理解錯誤，沒完成應有行動的情況。

- 沒有正確完成被交代的工作
- 搞錯工作的處理順序
- 沒有將重要的聯絡事項傳達給相關部門
- 沒有盡全力完成工作

假設下屬沒有依照指示的方向做事，在主管認為差不多該完成的時候，才發現下屬完全搞錯方向。

若已經火燒屁股，無法重新來過，主管也許會忍不住大動肝火。此時比起協助挨罵的下屬，更應該趕緊思考解決方案挽救，優先採取請其他下屬幫忙、親自加入作業、請相關部門延長期限等手段。必須等到跨越難關後，再來好好指導犯錯的下屬。

這就是第五十七頁介紹過的「兩段式指導」。

若在氣頭上不小心開罵了，就已經覆水難收，只能利用此次經驗，再進行一次更有效果的指導。把第一次感情用事的指導，活用在第二次的指導中吧！

第一次指導時罵得有多兇，第二次指導時的冷靜態度就能產生多大的反差，而這種反差經常能發揮不錯的效果。

具體的事例與指導法

沒有正確完成交代的工作

事前階段 **準備與營造氣氛**

此情況不需要從表揚切入對話，主管不必說「一直以來都很謝謝你」，而是要對前次單方面的情緒化指導致歉。並讓下屬感受到事態的嚴重性，讓他明白「這件事情嚴重到連身為主管的自己都忍不住勃然大怒」。

主管：「昨天在氣頭上罵了你，對不起。我是真的很生氣，到晚上都還無法恢復冷靜。昨天那件事造成的影響真的很大，雖然我相信你不會再犯，但我們還是一起來想想看，我們能透過這次的經驗學到什麼。」

第1階段 指出客觀的事實

主管：「關於你昨天提出的新商品企劃書，除了前兩頁以外，你都把它定位成針對年輕人的商品，但我當初跟你說過，這是針對高齡者的商品，你知道你完全搞錯方向了嗎？你平常明明表現得很好，這次是怎麼了？說不定是哪個環節出了問題，我們一起來確認一下前因後果吧！我請你做這份工作的時間是○月○日的××點，對吧？」

這種說法能在指出事實的同時，讓下屬明白自己的想法跟主管有落差（這可能是造成問題的原因之一）。請仔細比對雙方的想法差異。把紙張放在兩人中間，邊討論邊寫出關鍵字和流程等，能避免雙方陷入對立模式，營造出共同作業的氣氛。

主管　：「原來如此，你一開始是有思考針對高齡者的方案的，到此為止都沒問題。」

下屬C：「雖然一開始說要針對高齡者，但開早會時社長說了，接下來我們公司要把重點放在針對年輕人的商品上，我也跟業務部確認過，他們表示希望我們盡快開發出針對年輕人的商品。（傾聽下屬的回應或藉口）

主管　：「但業務部遲遲沒有消息，你就停下計畫，先觀察情況了。之後業務部還是沒有消息，你就直接改做針對年輕人的商品了。原來如此，這時機真不湊巧。總之事情的經過我瞭解了，正如你所說。」

理解下屬遇到的狀況，就能知道雙方的想法是在哪個階段產生分歧。

第2階段　提出要求與期望

第1階段的共同作業已經暗示了主管的期望。因此，此案例的主管刻意不重訴自己的要求，等到進入**第3階段**後再詢問下屬。

第3階段　傾聽對方的想法

主管　：「也就是說，你原本已經想好針對高齡者的企劃，但聽了社長的發言和業務部的要求後，你覺得改成針對年輕人的企劃比較好。現在回頭想想，你有什麼想法嗎？」

下屬C：「不管社長和業務部怎麼想，都不應該影響到這次的企劃。當初有疑問時，我就應該要馬上跟下指示的部長確認才對，但我連續出差一週，同一時間部長也到國外出差，所以我就自作主張了。」（只要下屬有反省的意思，就算聽起來像藉口，主管也必須認真聆聽。）

主管　：「原來如此，你發現自己沒有先好好確認過了，這才像平時的你。」

若在對話過程中，發現下屬仍然會錯意，主管應拋出適當的問題修正其錯誤，並給予建議。

第4階段　讓他思考解決方案

主管　：「那你以後打算怎麼做呢？為了避免重蹈覆轍，現在先決定一下方針吧！」

下屬C：「之後再有任何問題，我會馬上跟部長討論。」

第5階段 從旁支援

主管：「有什麼我能幫上忙的嗎？如果你拿不定主意，不用客氣儘管來找我，我接下來也會特別關心你。」

事後階段 感謝與鼓勵

主管：「不要再消沉了啦！事情都過去了，當個經驗，從中記取教訓就好了。我們可靠的C又回來嘍！很期待你今後的表現喔！」

情境4 當下屬不執行計畫內容時

偶爾會遇到完全不理會被交代的工作，或是半途而廢的下屬。主管恐怕難以理解發生問題的原因，其實就連下屬本人也經常理不出頭緒。主要原因有以下幾點。

- 對主管交代的工作沒興趣
- 不曉得具體的實行方法
- 不願要求其他關係者配合
- 導致下意識只挑簡單的工作做，忽視該優先處理的重要工作也就是說，遇到某些阻礙，無法跨出第一步，再加上提不起勁時，就會陷入這種狀況。

下屬絕非無心於工作，儘管天天掛念，依然會在不自覺間只挑簡單的工作來做。尤其是接到其他繁忙的工作時，更會成為好用的推託藉口。

雖然隱約感受到自己刻意忽視該做的工作，卻不願意輕易承認。此時比起責備，更應該討論出今後的工作實行計畫跟具體的行動方針。

跟情境3相同的是，此情境的主管也可能會在發現問題的當下勃然大怒。此時同樣可以運用**「兩段式指導」，先做好各方面的緊急應對後，再靜下心來對話**。

具體的事例與指導法

忽視重要工作的下屬

事前階段　準備與營造氣氛

此情境同樣不適合從讚美切入，建議先針對自己前次的單方面情緒化指導致歉。

主管：「D，你過來一下，我想再跟你談談前天客戶資料庫的事。就像前天我一再重提的，這件事非常重要，沒想到你竟然整整半年都沒動工，我真的很傻眼。還好現在已經處理得差不多了，但這真不像平常認真負責的你會犯的錯。我不希望再看到這種事情發生，一起來想想今後該如何防範吧！」

第1階段　指出客觀的事實

主管　：「首先必須輸入顧客資料，你原本打算怎麼收集資料呢？」

下屬D：「我不曉得該怎麼做，本來打算去請教經驗豐富的金子先生，但他幾乎不在位子上，根本找不到他……然後其他部門又請我去支援緊急的工作。」

像這樣提問，找出下屬遇到的阻礙。不過，由於多數下屬也搞不清楚自己遇到哪些阻礙，所以可能會含糊以對。

第2階段　提出要求與期望

跟情境3一樣不需重訴「主管的要求」。省略此階段進入**第3階段**。

第3階段 傾聽對方的想法

於此階段總結**第1階段**的內容。

主管：「也就是說，你心裡明白不能不做，但從一開始請教別人的階段，你就不想麻煩金子先生親自聯絡你，所以遲遲沒有動工。這時候隔壁部門剛好拜託你支援緊急作業，你就先去幫忙了。是這樣沒錯吧？」（等待下屬的反應，確認他是否認同。）

下屬D：「……嗯，不過……」

主管：「怎麼了？不對嗎？哪裡不對？」

下屬D：「其實我有點遲疑，不知道問金子先生是不是最好的選擇，靠自己是不是比較好……但想來想去，我反而不曉得該怎麼辦了。」

主管：「嗯，我明白了。你不曉得該從何下手，所以陷入混亂了。」

第4階段　讓他思考解決方案

主管：「資料輸入是最棘手的問題，你打算怎麼解決呢？」（聽下屬的想法，給予適當的意見。）

下屬D：「我會負起責任，星期六、日加班做好。」

主管：「我明白你想扳回一城的心情，但這樣不行喔！而且效率太差了。」

下屬D：「那我去拜託我前陣子支援的隔壁部門，請他們幫忙。」

主管：「這點子不錯，他們部門剛完成一件大案子，應該比較有餘力，我也去拜託看看。還有其他辦法嗎？」

下屬D：「現在似乎有能幫人輸入資料的網路外包服務，也許值得一試。」

主管：「好，那你去查查價格跟時間。」

下屬D：「我明白了。」

主管　：「D，你再說一次剛才的結論。」（讓他親自複誦解決對策，確認自己的行動。）

下屬D：「聯絡提供資料輸入服務的公司，還有請隔壁部門提供支援。」

主管　：「你剛才說的聯絡提供資料輸入服務的公司，跟請隔壁部門提供支援，什麼時候能完成呢？」

下屬D：「明天中午前應該能完成。」

主管　：「是嗎？好，那你要做的第一件事情是什麼？明天能做的事情是什麼？」（讓他思考眼前具體的行動）

主管　：「你能辦到嗎？」（等下屬回：「好。」）

下屬D：「好的，我明白了。」

主管　：「哦，你這麼有幹勁，應該沒問題啦！」

第5階段 從旁支援

主管：「有什麼我能幫上忙的嗎？如果你拿不定主意，不用客氣儘管來找我，我接下來也會特別關心你。」

事後階段 感謝與鼓勵

一般會在此階段表達感謝之意，像是「今天謝謝你了」之類的，但此情境並不適合道謝。

「沒錯，你一定要跟我報告明天的行動成果喔！我很期待唷！」

用這類說法總結就行了。

情境5 當下屬不懂得隨機應變時

有些下屬只會「等待指示」，總是一個口令一個動作。舉個簡單的例子，當主管拜託下屬填寫收件資料時，會希望下屬問一句：「需要順道貼郵票拿去寄嗎？」但此類型下屬並不會多問這句話。

- 不會主動思考，接到指示才行動
- 不會留意細節，敷衍了事
- 只會處理有標準流程的事情

指導這類下屬時應留意的重點是，由於下屬本人不認為自己有錯，所以不會主動去做指令以外的事情。

因此，主管必須想辦法讓下屬明白，身為社會人士，必須放寬眼界，找到自己的工作目的、該完成的職責和所受的期待，從這些角度切入思考。

具體的事例與指導法

不會自己思考，接到指示才做事的下屬

事前階段　準備與營造氣氛

主管　：「E，你現在有空嗎？我們稍微聊一下吧！你每天都很勤快地工作，聲音也宏亮有精神。你進公司已經兩年了，時間過得真快啊！下個月就有新人要進來了，轉眼間你也要升格為前輩了。」

第1階段　指出客觀的事實

主管　：「我知道你很認真工作，但最近發生一件讓我覺得很可惜的事情。」

下屬E：「咦？我做錯什麼了嗎？」（被罵得一頭霧水，一臉茫然。）

主管　：「公司規定當天或隔天就必須算好業績總額，但你已經好幾天沒有遵守了。」

下屬E：「因為很多業務回辦公室後都不交日報，我也沒辦法。」

第2階段　提出要求與期望

同樣不提出要求，直接進入下個階段。

第3階段　傾聽對方的想法

主管　：「你現在的工作內容是什麼？」
下屬E：「計算業績跟所有事務類工作。」
主管　：「你提到了計算業績，那麼這份工作的目的是什麼？不是能領到薪水這種表面目的，而是這份工作的本質是什麼？這份工作完成後，會發生怎樣的狀況？」
下屬E：「那個……把業績數字提交給上層後，上層能用來判斷經營狀況……所以他們會想盡快知道數字，如果數字有誤，會造成嚴重的誤判……」

用類似的提問方式，引導下屬理解該工作更深層或更更深層的目的。

主管　：「你說得沒錯，你負責的業績統計工作非常重要，而且這份工作只有你一個人在處理，所以你責任重大。雖然問題出在業務沒有提出日報，但如果你不盡快處理好，工作日積月累，你反而會變得更難做事，甚至還會越來越偏離用業績判斷經營狀況的主要目的。那你打算怎麼處理呢？一個人有辦法完成嗎？還是需要我多找幾個人手？」

此時應留意的重點：「注意不要咄咄逼人，循序漸進展開詢問。」傾聽下屬的回答，照著他的步調前進。

下屬E：「雖然我從來沒試過，但我會請業務們每天一定要提出日報。有些業務拜訪完客戶就直接回家了，我會請這些人把業績數字寄給我。」

主管　：「沒錯，正如你所說。」

下屬E：「……」

主管：「（確認下屬的反應）意思就是，你負責的業績統計作業，最終目的是作為判斷經營狀況的依據。當途中停滯時，只要你能催促業務們趕緊行動，就不至於拖好幾天還沒完成。遺憾的是，你從來沒想過要主動催促業務，是這樣沒錯吧？」

主管必須講到讓下屬心服口服，但畢竟這是一段抽絲剝繭的建設性對話，因此不能語帶責備，還要適時站在下屬的立場幫他說話。

主管：「業務沒交日報就直接回家的時候，你覺得自己資歷比較淺，所以不好意思催他們吧？我懂的。」

第4階段　讓他思考解決方案

主管：「我們得到結論了。從這份工作的目的、意義和職責去思考，你應該能想到更深的層面了吧？」

主管：「如果下次再發生同樣的事情，你打算怎麼做呢？」

第5階段　從旁支援

主管：「有什麼我能幫上忙的嗎？今後要委派工作給你的時候，我也會先跟你講清楚工作的目的。」

事後階段　感謝與鼓勵

主管：「好！原本就朝氣蓬勃的E似乎更有幹勁了，我很期待你日後的表現，要加油喔！」

情境6 當下屬用負面行為影響公司氣氛時

有些下屬平時的一舉一動都散發著滿滿的負能量。負面發言會對本人的思維及行動造成負面影響，影響到工作表現。不僅如此，只要職場上有一個負面的人存在，整體氣氛就會遭到破壞，使全體員工的工作表現受到影響。

在第4章「對不同類型下屬，採不同指導法」中，介紹過「覺得自己一無是處」的自責型下屬。接著來思考一下，哪些下屬會把負能量散播給其他人。

經常感到不滿或抱怨

常講「反正沒辦法」等負面口頭禪

背地裡說別人的閒話或壞話

主管應注意的重點是，必須指出下屬常有負面發言的事實，讓他明白負面言論並不妥當，還必須站在上司的角度，嚴肅地告誡他負面發言會對其他同事造成哪些不良影響。

由於此類型下屬常有未獲得滿足的期望，因此主管必須提出「體諒重點」，認真傾聽下屬有哪些不平或不滿。此外，詢問下屬：「負面發言對你有什麼好處？」有時也能得到不錯的效果。

傾聽下屬的發言時，原則上必須跟他站在同一陣線，但若他說了其他人的壞話，你可以先用「我不這麼認為」的 I message 否定後，再指導他從其他角度切入。

具體的事例與指導法

下屬常感到不平、不滿，常抱怨

事前階段　準備與營造氣氛

主管：「F先生，你的字還是一樣漂亮。話說你現在方便過來一下嗎？」

第1階段　指出客觀的事實

主管：「其實最近有件事讓我有些在意。每次看到你漂亮的字跡，我都覺得心情很好，但好心情總會被這件事破壞，希望你可以稍微注意一點，我繼續說下去嘍？」

像這樣請求發言許可，不僅自己容易開口，對方也更易坦然接受指責。

主管　：「今天才星期三，但這週你已經說好幾次『反正沒辦法』、『我提不起勁』之類的話了。說不定你沒有自覺就是了。」

在說明的過程中，下屬的表情可能會變得越來越陰沉或黯然，或覺得無時無刻不遭到主管監視，因而心生不悅。因此，此時應避免帶有主觀評價的表現方式，像是「悲觀的」、「負面的」或「抱怨不滿」等，單純陳述事實就好了。

主管　：「我剛才講的那些話，你確實講過吧？」

像這樣跟下屬確認。

下屬F：「昨天或許說過，但前天……呃……我不記得了。」

主管：「是嗎？你已經不記得前天的事情了，但不好意思，因為我有點在意，所以刻意記了下來。你是在無意間脫口而出的，可能沒印象了。」

第2階段　提出要求與期望

在此階段提出自己身為主管的意見。

主管：「每次聽到你說『反正沒辦法』，**我**的心情都會變得很沉重，就算原本精神飽滿，也會瞬間洩氣。畢竟心理狀態會對人的能力造成很大的影響。」

抒發完自己的心情後，再來解釋下屬會對身邊環境造成的負面影響。

主管：「同樣的狀況應該也會發生在很多人身上。**我**認為『反正沒辦法』之類的負面發言，會打擊到其他同事的士氣。或許你只是脫口而出，但寫得一手好字的你，隨口說出『反正沒辦法』之類的話，其實會對身邊的人造成很大的影響喔！」

下屬F：「……」

主管：「**我**實在想不透，為什麼你會說出『反正沒辦法』之類的話。說自己『沒辦法』，會連帶導致自身想法變得消極，這樣真的很可惜。你做事一向認真，我一直心存感激，唯有這點讓我覺得可惜。」（在這裡加入「體諒重點」）

第3階段　傾聽對方的想法

主管：「不小心說太多了，你是怎麼想的呢？」

此時下屬可能會用「我沒那個意思」或「我沒注意到」來反駁主管，主管必須認真傾聽，幫助下屬放眼未來。

第4階段　讓他思考解決方案

主管　：「那要怎樣你才能戒掉這句話呢？我們來想想看吧！你覺得怎麼做比較好呢？」

此時只要下屬有回應就好，若他沒有回應，主管不妨提供意見，說出自己的想法。

主管　：「我有一個提議，正確來說應該是請求，你願意聽聽看嗎？當你有什麼感觸時，也許很難保持沉默，但在想說些什麼前，不妨暫時忍一下，先說一句類似咒語的話，你覺得如何呢？」

下屬F：「……？」

主管　：「你一臉茫然吔。我是在某本書讀到的啦！據說當人遇到危機時，若先說一句『這是機會』，用正向態度來面對事物，智慧和力量就會一湧而出。我實際試過，效果真的不錯，你要不要也試試看？」

下屬F：「這是機會……是嗎？好的，我會試試看。」

第5階段　從旁支援

主管：「我會替你加油喔！如果有什麼問題，隨時歡迎來找我。」

事後階段　感謝與鼓勵

主管：「今天謝謝你。如果你能打起精神工作，我相信整個職場會散發出更和諧的氛圍。一切拜託嘍！」

情境7 當下屬輕視後輩時

有些人在面對職場上的後輩、送貨業者、發包廠商等立場低於自己的對象時，容易表現出失禮的態度。若主管看不過去，就有必要好好指導一番。例如以下幾種情況。

- 對後輩過於嚴苛
- 責罵發包廠商，應對失禮
- 過度騷擾職場上的女性

此類型下屬也許是因為自身站不住腳，或是沒自信、對所屬位置感到不安，為求安心，才對立場比自己低的人逞威風。

指導此類型下屬時，必須先認同該下屬的存在意義，並如實以告。接著讓下屬自行察覺，對立場比自己低的人以禮相待，才能凸顯自己的價值。

不過，若像說教一樣講大道理，下屬可能會聽不進去。此類型下屬比較不敢反抗上級，主管不妨也把彼此的關係帶入話題。

具體的事例與指導法

下屬指導後輩時過於嚴苛

事前階段 **準備與營造氣氛**

主管：「G，你方便來一下嗎？我有事想跟你說。你的聲音最大，又很有精神，只要你一開口，大家都會立刻繃緊神經。謝謝你經常幫忙指導後輩。」

第1階段　指出客觀的事實

主管：「後輩H最近很沒精神，好像是因為被你罵了。我知道你花特別多心思在指導他，但最近你是不是常罵他『笨蛋』？你沒發現被你數落一頓後，H成天垂頭喪氣的嗎？」

第2階段　提出要求與期望

主管：「喂！G！你這個笨蛋，從剛才開始都在搞什麼！」

下屬G：「！」

主管：「對不起嚇到你了，我只是在模仿你而已。如何？這種感覺不太好吧？」

下屬G：「……」

主管　：「**我**認為就算是為了提攜後輩，也不能否定對方的人格。看到你熱心指導後輩，**我**覺得很欣慰，但我不希望你否定後輩的人格。說到底，公司就是人與人交流的環境，**我**想創造一個嚴而有禮，大家都能愉快工作的職場。」

第3階段　傾聽對方的想法

下屬G：「但是H會在工作時發呆，我認為總要有人鞭策他一下，這也是為了他好。」

主管　：「原來你的目的是這個啊！你覺得不說重話對方就聽不進去，但所謂的嚴格指導，難道就是貶低對方，或表現出自己很偉大的樣子嗎？」

此時先沉默一段時間，讓下屬仔細思考。

下屬G：「……確實，嚴格指導也許不等於貶低對方。」

主管　：「沒錯，當然不一樣。真不愧是G，一點就通。那你認為所謂的嚴格指導，是怎樣的指導呢？」

下屬G：「（再給他思考的時間）……把對方導向正確的道路，是嗎？」

主管　：「嗯，沒錯，就是這樣。那你認為天天都暴跳如雷，跟只有在關鍵時刻才展現出威嚴，怎樣的效果會比較好呢？」

下屬G：「應該是只有在關鍵時刻吧？」

主管　：「沒錯，真不愧是G，吸收得真快。」

第4階段 讓他思考解決方案

主管：「每次在職場上聽到你精神抖擻的嗓音，大家都會立刻繃緊神經，但如果你能注意一下輕重緩急，只在關鍵時刻出聲，效果應該會更理想。再加上如果你平常和藹可親，那效果絕對會更上一層樓。這麼做不僅不會損害到你的威嚴，還會讓你成為受後輩仰慕的剛柔並濟的前輩喔！」

第5階段 從旁支援

主管：「有什麼我能幫上忙的嗎？……如果今後你又煩惱要怎麼跟H相處的話，我再教你解決方法。」

事後階段 感謝與鼓勵

主管：「拜託你嘍！如果你能好好提拔H，你一定會蛻變成更棒的前輩，我很看好你喔！今天謝謝你了。」

情境8 當下屬的生活習慣出問題時

也許有人會覺得，主管不應該干涉下屬的私生活，但不良的生活習慣恐對工作造成負面影響，在此情況下，主管大可直接開口指導。具體來說，下屬可能會發生以下幾種狀況。

- 衣衫不整，服裝儀容不合宜
- 不知道是不是沒睡飽，常打哈欠或打瞌睡
- 沒把辦公桌整理乾淨就直接回家

具體的事例與指導法

下屬衣衫不整、服裝儀容不合宜

事前階段 **準備與營造氣氛**

主管　：「I，你現在有空嗎？我想跟你談談，方便來會議室一下嗎？」

下屬I：「好的，有什麼事嗎？」

主管　：「抱歉打擾到你，這件事情很重要。謝謝你每天都認真工作，但有件事我有點在意，一直想找機會跟你說。我可以說嗎？」

在最後補上問句，先徵得對方的同意。不管有多麼難以啟齒，只要像這樣事先徵得許可，下屬本人為了維持前後一貫的態度，會比較容易接受。

第1階段 **指出客觀的事實**

主管：「你現在穿的這件上衣，是不是已經穿很久了？在我的印象裡，這幾個月你似乎天天都穿這件上衣，你是不是沒有換衣服？衣服穿過一次就要讓它休息，不然容易壞喔！還有你的鞋子，上面沾著乾掉的泥巴。」

第2階段 **提出要求與期望**

主管：「全公司都知道你很認真工作，我們部門有你在，**我**也感到很驕傲。不過啊，**我**覺得多數人還是會以貌取人。尤其是像我們這種需要跟顧客接觸的工作，不管你的工作能力多好，只要服裝儀容不整潔，就難免會被顧客質疑，你該不會從裡到外一樣邋遢。人的內在確實比外表重要，但**我**認為在現實社會中，重視外表的人還是占大多數。而且說老實話，**我**認為過度忽略自己的儀容，也會讓周圍的人覺得不舒服。」

第3階段　傾聽對方的想法

主管：「關於我提的這件事，你有什麼想法嗎？」

下屬Ｉ：「說老實話，我不是很能理解。我認為人應該要靠內在決勝負，況且我有乖乖穿襯衫，還有什麼問題嗎？」

主管：「說得也是，你本來就對時尚沒什麼興趣，可能會覺得天天換衣服很麻煩。就如你所說，穿襯衫基本上沒問題，但我認為有些顧客可能會很在意衣著，你會讓這些人留下『Ｉ先生連打理外表的心思都沒有，可見得他不重視跟我的會面』的印象。人的內在的確很重要，但你不妨把整理服裝儀容當成開啟上班模式的開關，早上出勤前好好打理一下吧？」

主管若不像這樣主動提議，有些下屬可能永遠都想不出解決方案。

第4階段 讓他思考解決方案

下屬I：「就算您說要打理服裝儀容，我也不曉得該從何下手才好……」

主管：「這倒是，我們不曉得旁人是怎麼看自己的。要不要一起想想看啊？」（共同製作「每天早上的服裝儀容檢查表」）

第5階段 從旁支援

主管：「如果你不介意的話，要不要我幫你檢查每天服儀呢？或許剛開始你會感到不自在，覺得像被監視，但時間久了就會習慣了。來試試看吧！這麼做的目的是確認你有沒有持之以恆。」

事後階段 感謝與鼓勵

主管：「很好很好，你快要進化成幹練的商務人士了……雖然本來就是了啦！但我很期待其他人也有同樣的想法。今天謝謝你了。」

後記

「指導」是強化職場互信關係的第一步

衷心感謝讀完這本書的大家。

本書後半段具體介紹了適合各類型下屬的指導法，以及能隨機應變的指導方式。對於這些常見的下屬類型，大家有什麼想法嗎？只讀了後半段的讀者，請務必翻回前半段，確認指導的基本準則，確認後應該就能理解，我為何推崇這樣的指導方式。

坊間流傳的指導訣竅，多半沒有能佐證的基本準則或原理，通常只舉例介紹。如此一來，就算想配合實際狀況展開指導，恐怕也難以落實吧？

正如本文所述，我推薦的指導方式有以下三大特徵：

1 指導方式有應符合的準則（腳本）。唯一的基本形式，是由指導者與被指導者間的對話構築而成。

2 有能強化對話效果的訣竅。

3 指導前必須先做好心理準備。

沒錯，重點在於「有唯一的基本形式」。無論是怎樣的下屬、在怎樣的情況下、犯了怎樣的錯誤，只要套入這個「形式」，都能撼動他的內心。方法非常簡單。掌握「固定的基本形式」、「對話的訣竅」和「指導的心理準備」後，只要依照實際情況加以調整，即能產生流暢的「指導對話」。成功的祕訣在於認同對方的存在、期許下屬成長的心願，以及不輕易結束對話的態度。

重新總結一次此指導法的優點：

- 即使是不擅長罵人的人、怕被討厭的人、不好意思說重話的人，也能展現威嚴出聲指導（提醒或勸人糾正）。
- 被指導者不會有遭到指導的感覺，而是會覺得有人在關心自己。因此，下屬不僅不會厭惡責罵自己的主管，反而還會更信任他。
- 從結果看來，指導者和被指導者之間的信任關係會更加緊密。
- 被指導者會主動改善行動。
- 指導腳本能應用在多種情況下，方便讀者親身運用。
- 指導者對人、事、物的掌握及傳達方式，也能廣泛應用在指導以外的情況下。

本書介紹的指導法有如此多的優點，請大家善加利用，親身挑戰。

本書是我繼前作《叱らないで叱る技術（暫譯：似罵非罵的技術）》

（SELUBA 出版，二〇一五年）的第二本著作。前作是我整理了過去企業研修時傳授的指導法後，集結成冊的著作，探討比本書更深入的方法論，描寫人類的深層心理，以及能實際套入指導對話的形式。不過，前作也有需要反省的地方，由於篇幅有限，導致內容略顯晦澀難解。

因此，為了讓更多有職場溝通煩惱的人閱讀無礙，我在撰寫本書時，特別重視淺顯易懂的說明。換句話說，本書稱得上是《似罵非罵的技術》的入門書（有興趣想深入瞭解的讀者，也請多多支持《似罵非罵的技術》）。

最後我想向催生出本書的各方人士致上謝意。

首先要感謝諸位老師，為我指點暗藏在本書指導法背後的哲學。

第一位是幫助我踏入教練理論領域的研修講師——Corporate Education的內海賢老師。若當年沒有參加這場研修，也許就不會有今天的我了。第二位是帶領我接觸NLP（溝通心理學）的Value Creation的小寺博仁老師。

老師傳授的「痛苦管理」跟「喜悅管理」帶給我極大的衝擊。自那以來，我就盡全力普及「喜悅管理」。

第三位是指導我NLP及催眠治療的日本NLP綜合研究所的田口圭二老師。老師提倡的「畫圈溝通法」（絕對不否定對方，只認同的溝通法）奠定了我的溝通研究基礎（雖然離實踐還有一段遙遠的距離就是了）。

接著要感謝協助本書出版的各方人士。

首先是OTOBANK的上田涉董事長，對我那冗長又死板的企劃概要給予一針見血的建議。接著是作家長山清子小姐，幫我把研修資料和經歷寫成簡單易懂的文章。再來是光文社報導文學編輯部的三野知里小姐，耐心十足地幫我把企劃書整理成冊。衷心感謝各位，若沒有各位的幫助，我就無法把腦中構思的指導方法傳遞到這個世界上了。

最後要感謝在書中數度登場的妻子——鶴美。對不起，把我們平常在家的對話寫了進來，我這麼做是為了讓本書傳達的理念更加具體，請妳務必諒解。謝謝妳總是陪伴在我身邊。

願本書能為主管和下屬之間的溝通注入生氣，強化彼此的信任關係，讓「喜悅管理」更加普及於現代的職場。

二〇一九年四月　田邊晃

國家圖書館出版品預行編目資料

認同感指導術：讓部屬自動自發、無痛帶人！/ 田邊晃作；張翡臻譯．-- 臺北市：三采文化股份有限公司，2021.10　面；　公分．-- (iLead；02)

譯自：嫌われずに人を動かす すごい叱り方
ISBN 978-957-658-655-2
1. 企業管理 2. 組織管理

494.2　　110015364

◎封面圖片提供：
Yellow duck / Shutterstock.com

suncolor
三采文化集團

iLead 02

認同感指導術

讓部屬自動自發、無痛帶人！

作者｜田邊晃　譯者｜張翡臻
主編｜喬郁珊　協力編輯｜徐敬雅　版權經理｜劉契妙
美術主編｜藍秀婷　封面設計｜李蕙雲　內頁排版｜顏麟驊

發行人｜張輝明　總編輯｜曾雅青　發行所｜三采文化股份有限公司
地址｜台北市內湖區瑞光路513巷33號8樓
傳訊｜TEL:8797-1234　FAX:8797-1688　網址｜www.suncolor.com.tw
郵政劃撥｜帳號：14319060　戶名：三采文化股份有限公司
本版發行｜2021年10月29日　定價｜NT$380